青少年 科普图书馆

世界科普巨匠经典译丛·第六辑

越玩越开窍的

数学游戏

大观 中

陈怀书 原著　杨禾 改编

上海科学普及出版社

图书在版编目（CIP）数据

越玩越开窍的数学游戏大观.中/陈怀书原著;杨禾改编.—上海:上海科学普及出版社，2015.1

（世界科普巨匠经典译丛·第六辑）

ISBN 978-7-5427-5967-2

Ⅰ.①越… Ⅱ.①陈… ②杨… Ⅲ.①数学—普及读物 Ⅳ.① O1-49

中国版本图书馆 CIP 数据核字 (2013) 第 289608 号

责任编辑：李 蕾

世界科普巨匠经典译丛·第六辑

越玩越开窍的数学游戏大观 中

陈怀书 原著　杨禾 改编

上海科学普及出版社出版发行

（上海中山北路 832 号 邮编 200070）

http://www.pspsh.com

各地新华书店经销　北京市房山腾龙印刷厂印刷

开本 787×1092 1/12　印张 15.5　字数 180 000

2015 年 1 月第 1 版　2015 年 1 月第 1 次印刷

ISBN 978-7-5427-5967-2　定价：22.00 元

第十章　巧妙移动　　　　051

第十一章　一笔画趣题　077

第九章

几何趣题

我国秦汉以前已经有分割几何图形的难题出现。西方各国的幼儿园也有许多简单的拼图游戏以指导幼儿学习几何学。这类问题，如果不对几何学进行深入研究，是很难理解透它的原理的。不过，读者朋友千万不要误会，认为不熟悉几何学就不能解此类问题，恰恰相反，任何读者都可以凭自己的聪明才智解决它，不论你学没学过几何学。

分割几何图形，最重要的在于精确无误，不能有丝毫差错，否则绝不能称为题的解法。下面举例说明。

设有图形如图1所示，试分为3块，将3块拼凑成1个等腰直角三角形。

如果我们要精确地对待它，则可以依图中粗线所示的界线分割它，凑成如图2的三角形把含有 C 的四小块作为一个整块，并假想有一条细线串着它们。

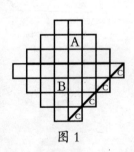
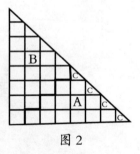

图1　　　　图2

然而这种假想绝对不能存在于此类题目中，所以这种分法也不能认为是本题的正确答案，想求正确的答案，可看如图3和图4。

图3、图4的分法，一开始就被认为是正确的分法，不过仅凭一点假想，并不能算是确切的证明，要确切地分为3个整块，然后所合成的是正确的等

腰直角三角形才行。当然，图3的分割方法，合成后的确如图4的等腰直角三角形。

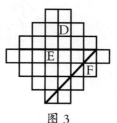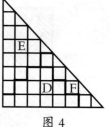

图3   图4

图3中的F到图4时，其图形是正反面完全颠倒的，当然它们在此类问题中并不会造成不便，因为所割的硬纸或两面相同的木片，任意颠倒位置及正反面，它们的原形不变。如果遇到特殊情形时，各木片的一面涂漆，一面是本来木质，此时若颠倒，正反面图形不一致，有碍美观，肯定是不行的。本书以下所举示例，不是特别注明的，都可以任意颠倒反正的，不会妨碍题意。

201 十字形的讨论

见到十字形的东西，世人多认为是教会中的一种符号，其实不是这样的。此物的发现很早，在古代埃及人们就把它视为一种神秘之物，古代希腊也常常把它刻到石碑上，流传到现在。几何学也往往徘徊它的左右。用十字形组成物品，其构造的奇特，看似简单，深入研究趣味无穷。道弥宏而变弥极，本书以后的各种分割，多以此为根据。先呈现数例，了解大概，这样不也是读者所期许的吗？

图1中的十字形，由五个相等的正方形组合而成，即用虚线表示的A,B,C,D,E 5个正方形。以下所讨论的，都属于此类十字形。3 000年前就有此形的发明，把正方形分割并拼为十字形，此种分割，初创时其形状如下：

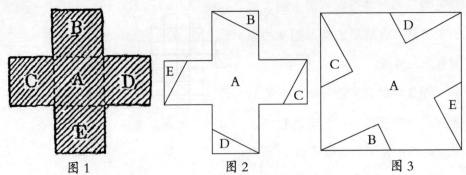

图 1　　　　　　图 2　　　　　　图 3

此种分法至少需要将十字形割成 5 份，之后逐渐改进分割，这样就知道不必用五份就能完成，其割法如图 4 所示：

此种割法与前面相比是进步了，只是所分 4 块大小不等，若想分成 4 块相等的，则可用图 6 来表示。将十字形割成四块并拼成为正字形，其方法是无穷的。以上所示是特殊示例，至于这些方法的由来，极为有趣。现在把简单的方法叙述如下：

先绘一个十字形，如图 8，然后再用透明纸绘一个正方形，如图 9 所示，连结两对边中点，交于点 c，并令 cd 等于图 8 的 ab，然后把透明纸蒙在十字形上，依照一定角度的方向而滑动它。让 cd 与 ab 平行，

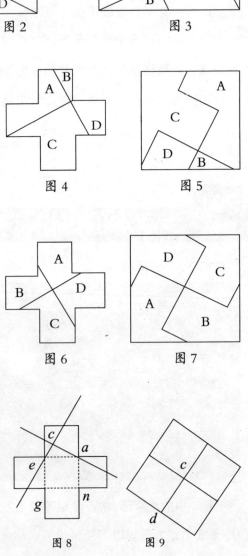

图 4　　　　　　图 5

图 6　　　　　　图 7

图 8　　　　　　图 9

置点 c 于 $aegn$ 虚线所表示的方格中，任意滑动，然后依照透明纸上正交的两边中心连线的方向而割之，所得可凑为正方形。c 点在 $aegn$ 方格中心如图 6 和图 7 所示，cd 与 ab 重合如图 4 和图 5 所示。反过来，正方形也可用无穷多的方法，分割为可合成十字形的四块。

此外还可把一个正方形可分割并拼为两个十字形。

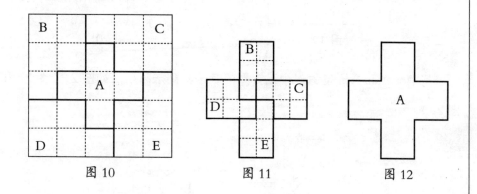

图 10　　　　　　　　图 11　　　　　　　　图 12

如图 10 可分割为图 11、图 12 两个十字形，此方法无需说明，看图后就能明白。若想要分为两个相等的十字形，则用以下的方法来表示，图 13、图 14 和图 15 所示：

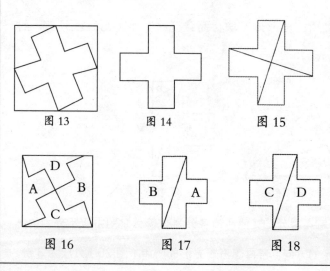

图 13　　　　图 14　　　　图 15

图 16　　　　图 17　　　　图 18

读者可知一个正方形能用极其简单的方法，分割为两个相等的十字形。唯独以上的两种分割方法是分为 5 块。令人惊奇的是，上述分割也可减为 4 块，而且所成的两个十字形也完全相同，图 16、图 17 和图 18 已经说明，读者看图自会明白，它的方法无需详细说明。

另外，两个方形也可合为一个十字形，举出两例如下：如果一个正方形是另一个正方形的 4 倍，其方法很简单，如图 19、图 20 所示：

图 19　　　　　　　　　　图 20

又有一个正方形是另一个正方形的 9 倍，割法与拼法如图 21、图 22 和图 23 所示：

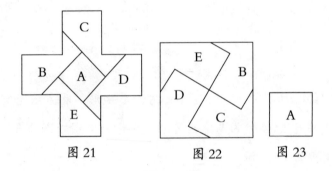

图 21　　　图 22　　图 23

若想要将一个等腰直角三角形分 4 块，而合成一个十字形，就只有一种方法，如图 24、图 25 所示：

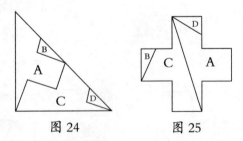

图 24　　　　　图 25

图中三角形的斜边分为 4 等分，其他两边各分为 3 等分。图中所示分割的方法，就是各点连结线所表示的方向。若再想将正方形的一半（图 26）分成为 3 份，然后合成十字形，其分割方法有很多种，最简单的分割法如图 26 所示，拼成如图 27 所示。

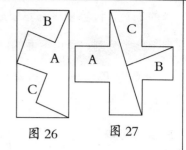

图 26 的矩形其长边是短边的 2 倍，先分短边为 3 份，再分长边为 6 份，连结相关的分点，就能得出图中割线的方向。

图 26　　图 27

其他关于十字形分割的问题，实际很多，不能都列举出来。以上所讨论的不过是很小的部分，想必此时的读者急于想知道的是关于大多数的十字形分割问题，究竟可归纳为多少种可用于所有的问题的方法。此种方法很难说出，必需看各题的性质，作者用研究所得归纳出一个概念：即想要分所有图形为十字形时，第一须用逆求法，先绘出一个十字形的图，用各种方法割得此形为数份，再凑成某种几何图形，然后再依照各小块的形状而分割此几何形，此种逆求法比依照顺序证明，难易程度不分上下。读者看看上面的图形，也就明白这个原理。例如，图 2，图 3，题中所说的是由图 3 求图 2，依照次序当然先绘出图 3，然后分割为图 2，唯独依照此法，则此题的解法实在没有高手。若用逆求法来解，先绘出图 2 而后求图 3，如此则轻而易举，随手可成。之后图 4，图 5，图 6，图 7，图 10，图 11，图 12，图 13，图 14，图 15，这些图，都能模仿此例，研究这些十字形的变化，可事半功倍。

研究十字形的分割的人，不可不先知道勾股定理，此定理起源于中国，读者可能知道，此定理对于本节的各种分割极为重要，所以略述如图 28 所示：

图 28 中 △ABC 为直角三角形，CB 垂直于 AB，则以 CB 为边的正方形面积，加以 AB 为边的正方形面积，其和等于以斜边 AC 为边的正方形的面积。图中 $BC=3$，$AB=4$，$AC=5$，即 $BC^2+AB^2=AC^2$，此三角

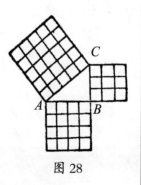

图 28

形的三边，设置多少都可以成立。读者闲时做做实验便可明白。至于此定理用于此类分割，可用下面的例子说明。

图 29 的十字形，可重新铺图为图 30，即两个正方形的结合体。如果想求某一正方形的面积等于十字形的面积，只要求一个等于图 30 面积的正方形面积就可以了。依勾股定理，则想求一方形等于图 30 特别容易。绘图如图 31：

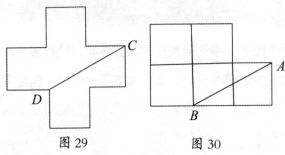

图 29   图 30

看图 31 可知大正方形的边长等于直角三角形的斜边，即等于图 30 中的 AB 线，即等于图 29 中的 CD 线，所以知道十字形中 CD 线的长，即可求得等积正方形的一边。反之，若已知正方形的一边，又可推得十字形中的连结线 CD 的长，根据这个条件，便可解决余下的各种问题。

如果读者能明白逆向证法的重要性，巧妙地利用勾股定理的话，那么各种关于十字形的分割问题，便可迎刃而解。读者还可尽情发挥自己的聪明才智，推出其他各种分割方法，不必局限于本篇所述。

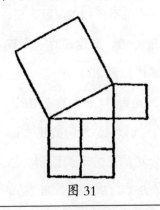

图 31

巧成十字

有5片硬纸，如图1所示，试合成一个拉丁式十字（图2）。

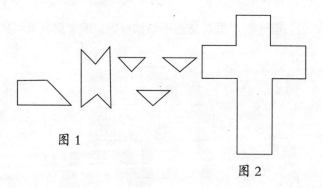

图1

图2

203 十字趣题

有5块木片，其中3块形状如图1所示，另外两块形状如图2所示，试组成拉丁式十字。

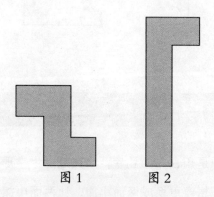

图1　　图2

204 一剪变形

妹妹拿着一张十字形的纸，如图所示。姐姐对她说："你能只用一剪将此纸剪成4块，然后合起来拼成一个正方形吗？如果拼成了，我将给你奖品。"妹妹苦苦思考着，虽然心里很着急却不知如何剪。读者朋友能帮助妹妹一下，让她得到奖品吗？

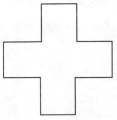

205 巧合成方 (1)

有9块木片，如图所示，a、b、c每种各有3块，试将这9块木片拼合成一个大正方形，或3个小正方形。

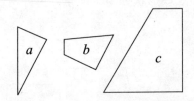

206 组合新旗

红十字会的旗帜是用白布做的底，中央缝上十字形的红布。某会中忽然有一面大旧旗坏了，想要更换成两面小旗，让两面小旗各等于大旗的一半。

唯独这时没有红布，于是不得不利用大旧旗中的红布，但会中有规定，十字形的大小，必须与旗的面积成比例，而合成十字的红布块数，越少越好，读者试想一想此旧红布最好用什么方法分剪？

207 巧合成方 (2)

作正五边形的方法，先作一个圆，作 *HB*，*DG* 两直径，互相垂直，设圆心为点 *C*，则 *HB*，*DG* 必相交于点 *C*，以半径 *BC* 的中点 *A* 为圆心，以 *AD* 为半径作弧，交 *HB* 于点 E。再以点 *D* 为圆心，以 *DE* 为半径，作弧，交圆于点 *F*，连结 *DF*，则 *DF* 即正五边形的一边，如果用 *DF* 的长度沿圆周行进，即得正五边形。本题的问题是求将正五边形分为最少的块数，然后将它们凑合成正方形。读者既然知道正五边形的作法，就去试一试吧！

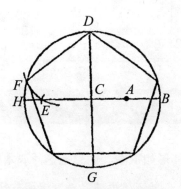

208 巧合成方 (3)

弟弟拿有一张长20厘米宽4厘米的矩形纸给母亲，请她剪成最少的块数，然后拼成一个正方形。母亲再三思考，将该纸剪成了 5 块，然后拼成了一个正方形。弟弟非常高兴，将此事告诉了哥哥。哥哥说："我只需剪成 4 块即可凑成一个正方形。"弟弟忙问："是什么方法？快告诉我。"哥哥说："你年龄还小，暂时不告诉你。"读者可能对这类问题有很深入的研究，应不难求得此方法。

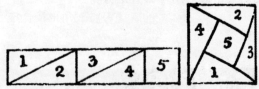

209 巧合成方（4）

有矩形纸一张，其两角已缺，各边的比及形状如图所示，求剪成最少的片数，然后凑合成为一个正方形。

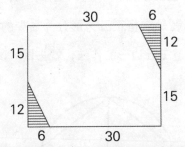

210 巧合成方（5）

甲某有两块木板，其形如下图。他想把这两块木板分成最少的块数而能凑成一个正方形的桌面，但找不到办法，请读者朋友帮一下他。

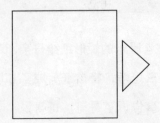

211 巧合成方 (6)

　　如图是一个正方形及其大的直角等腰三角形所合成的图形，试切成最少的块数，然后拼合成一个正方形。

212 巧合成方 (7)

　　如图是一个缺了 $\frac{1}{4}$ 的正方形，试切为 5 块拼合成一个正方形。

213 巧合成方 (8)

　　请把图分为 9 块，然后合成 4 个正方形。

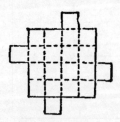

214 巧分方纸

有一张正方形硬纸，试分为 2 块，合成图甲或图乙。

215 木工巧思

甲某有一块木板，长 3 尺，宽 12 寸，让木工乙某分为 2 块，合成长 2 尺，宽 18 寸的木板，乙某再三思考，终于想出办法，大家知道怎么分吗？

216 巧分农田

某老农有方形田一块，遗嘱规定，西北角的 $\frac{1}{4}$ 是祭田，剩下的由 4 个儿子均分，而且每个人所分得的田，其形状必须相同，请问应该用什么方法来分？

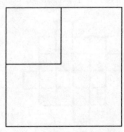

巧合成方 (9)

如图是 5 个全等直角三角形，大边（不是斜边）的长是小边的 2 倍。请将它们拼合成一个正方形，如果需要剪裁，只许剪一刀。

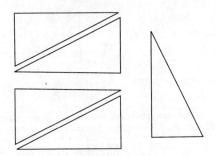

巧合成方 (10)

有硬纸 11 块，如图所示，其中 A 类有 3 块，B 类，C 类，D 类各 2 块，E，F 类各 1 块。试将它们拼合成一个正方形。

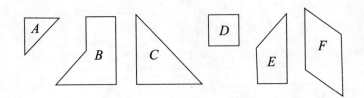

巧合成方 (11)

有一张硬纸，参照下列 3 图，每图各剪成 4 块，试将最后剪成的 12 块排成一个正方形。

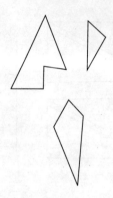

巧合成方 (12)

有 8 块木片，形状如图所示。试将它们拼合成一个正方形。

221 巧分六角星形

有六角星形如图甲，试剪成 7 块，合成一个正方形。

其方法先将 A、D 两角剪下，各平分，补成矩形，如丙图。然后求此矩形两边的比例中项。在 GL，FN 上，取 LK 及 NH，使它们都等于比例中项的长，连接 GH，作 MK⊥GL，交 GH 于 M，再沿 GH、KM 剪，共成 7 块，合成如丁图的正方形。

现在只许剪成 5 块，合成正方形，该用什么方法？

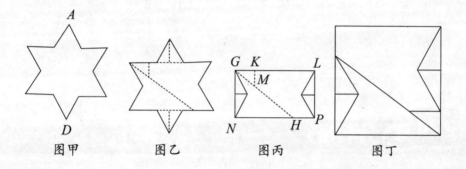

图甲　　　　图乙　　　　图丙　　　　图丁

222 巧成八角

找一张硬纸，照上列 3 个图，每样剪 4 块，然后试着拼成一个正八角形。

223 巧成六角

找一张硬纸，剪成下列图形 5 块，试合拼成一个正六角形。

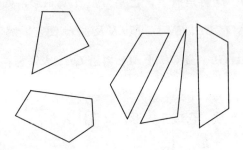

224 巧分梯形

如图是一个正方形和它的一半即一个等腰直角三角形合成的图形，将它分割成 4 块，要求这四块的形状、大小完全相同。

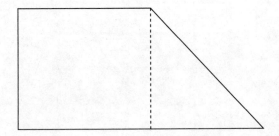

225 巧分三角形

求将一个正三角形分为 5 块，而拼成 2 个或 3 个较小的正三角形。

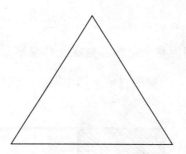

226 巧分方板

甲某有一块正方形的镶板，每边长 5m，版面已划分为 25 个小正方形，划分的线交界处都有铁钉，用作划分的记号。她想要把镶板分为 2 个正方形的板，大小可不同。需说明的是，有钉子的地方不能用锯，必须避开。而所要分的块数，越少越好，读者试一试如何分？

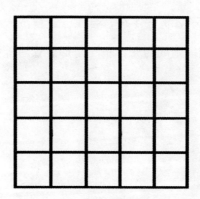

227 四子分地

甲某有正方形土地一块，死后把其中的 $\frac{1}{4}$ 留给其妻，其余的均分给 4 个儿子。每个儿子所得的应该是同形状大小的土地。但是田地中间有一水井，如图用黑点表示的，因为整个田地都依靠此井灌溉，所以土地分了之后，其儿子们都能到此井提水，无需经过他人的土地。请问用什么方法来分？

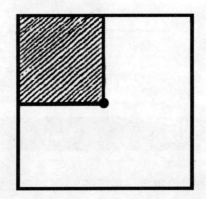

228 六童剪布

有一块布，6 个孩子各剪去 1 块，合在一起拼成一个十字形。又可以用其他的方法合拼在一起，则成为一个正三角形。读者能猜出 6 个孩子所剪的布的形状吗？

229 方格趣题

请将如图分4块,然后合在一起,拼成一个正方形,请问用什么方法来分?

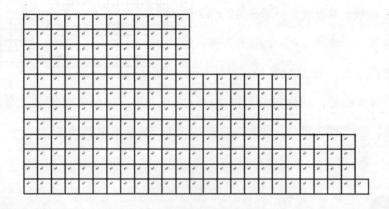

230 巧缝地毯

有2块正方形的地毯,它们的形状如图所示,求把这2块正方形分为4块,并拼成一块大正方形的地毯。每边为10格,但拼时不能反转地毯,以及调转方向,而且分的时候必须注意面积大的部分,应该远远大于面积较小的部分。读者朋友知道用什么方法来分吗?

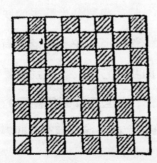
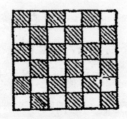

231 缀缎妙法

　　某女士有正方形补缀的绸缎 2 块，是她的朋友所赠。各块都是由相同大小的小正方形补缀而成，一块是 12×12 个小正方形，一块是 5×5 个小正方形，她想把这两个正方形分为数块，要求所分

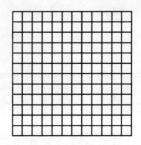

的块数越少越好，然后将它们拼成一块大正方形。但分的时候必须沿着原有的针缝，据她的朋友说，分为四块即可拼成，试求出它的分法。

232 巧缝花缎

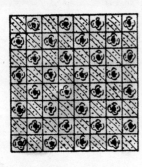
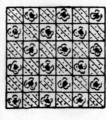

　　我曾去拜谒我的朋友，到他的屋里，看见朋友正把 2 块正方形的花缎放在桌案上，其形状如图所示。他用手比划着，想要分为某种形状，见到我高兴地说："我正有 2 块花缎，想要分为最少的块数，然后能

拼合成为一个正方形的椅垫，让它的花样不变，而且必须沿着原有的格子分。我想了很久，找不到方法，希望你能帮助我把它分成。"我反复思考，将该花缎共分为 4 块，然后拼成为一个正方形，并且不调转原图案的方向，而且 4 块中有两块面积形状完全相同，读者能够依照上述条件分成吗？

233 补褥子

如图是一个正方形补缀的褥子，共 196 格，据说此褥子是由若干个小正方形拼合而成。试求此褥子是由哪些小正方形拼合成的，要求数量最少。

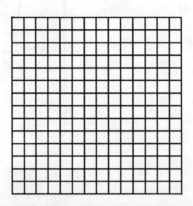

234 丝褥

某老妇人有丝绸褥子一条，是她的 6 个孙女分织而成，据说，6 个孙女各织了一个正方形，面积各不相同，织成后仅有一个正方形，须分为 3 片，再与其余的 5 个正方形凑成为一个大正方形的丝绸褥子。拼合的褥子每边各 14 格，如图所示，求它的分织方法。

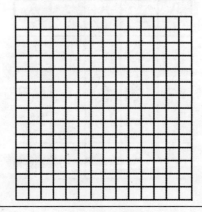

235 狮 旗

某女士有一块正方形的绸子，绸子上面织有 2 只狮子，其位置如图所示。求：将图剪成 4 块，拼成 2 面正方形的旗帜，2 旗帜的大小虽不需相同，但各旗帜上必须有一只狮子，而且剪时不能将狮子破坏，请读者试一试。

236 锦垫趣题

某女士有正方形的锦缎一块，想要剪成 4 块，缝成 2 个正方形的椅垫。但花样的配置不变，而且剪断的地方必须沿着原有的格线以保持原有花纹不使其分开。试求它的剪法。注意：本题只有一种剪法，并且每个正方形都是由 2 块凑成。

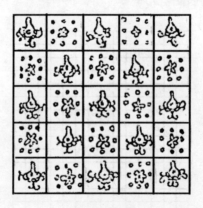

237 巧分蜀锦

有蜀锦一块，绣有 12 朵花，如图所示。现在想分成同样的 4 块，使每块上有 3 朵花，如何分？

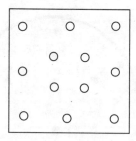

238 姐妹绣锦

姐妹两人共同刺绣，姐姐偶然绣出一个形状，如图所示（图中黑线表示绣过的地方，而空白的地方则表示还没有绣的布）姐姐拿着它对妹妹说："我现在所绣的锦，它的形状特别不同，我已经绣过的地方成十字形，其余的是没有绣过的地方。如果把此锦没锈过的部分分割成 4 等块，则可拼成为一个正方形。"妹妹说："这有什么稀奇的！我能用相同的布，在其中绣个正方形图案，而没有绣过的地方分割成 4 等块，可拼成一个十字形，这不更神奇吗？"读者试猜一猜，妹妹的绣锦用的是什么方法织成的？

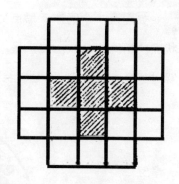

圆内有 9 个点，现在想要在圆内另外画出 3 个圆，使每一个点不与其他点在同一个区域内，它的方法是什么？

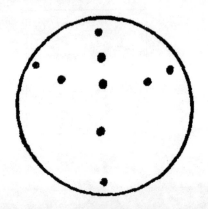

如图是一个圆饼，黑点处表示所附着的芝麻。求：将该饼分为面积及形状完全相同的 2 块。要求是：该饼分开后，芝麻依然附着饼上，切饼时必须躲过芝麻，因为芝麻一碰就会掉下。

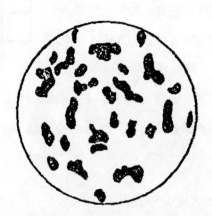

241 巧隔猫

某魔术家将 10 只猫放在一个圆圈内，用催眠术使 10 只猫就地而睡。它们的位置如图所示。他对观众说："我能在大圆内画 3 个圆，让 10 只猫各占一个区域，不越过圆圈就不能与其他猫相聚。"试求出他画圆圈的方法。

242 巧分大饼

取一张大饼，放在案子上，读者用刀切它，只需切 6 刀。请问用什么方法切能得最多的块数。如图切 6 刀，能得 16 块，但此切法不是最妙的答案，读者试一试，想必能超过此切法。

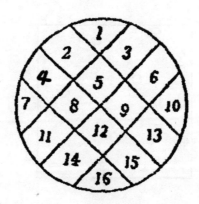

243 四童分饼

某人买了 3 个饼，拿回后给他的 4 个儿子。饼的面积不同，一大两小，大饼的面积等于两小饼的面积之和，而这 4 个孩子中只有一人肯吃 2 块，其余 3 个孩子只肯吃一块，试问这个人应该用什么方法，将此饼均分给 4 个孩子？

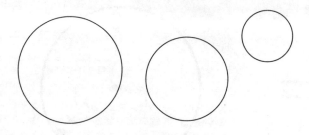

244 筑墙妙题

某地主有一块地，地中植了 11 株树，他想要把地分为 11 份，每份中有一株树，成为他家的牲畜遮阳乘凉的地方。但筑墙必须依照直线方向且数量越少越好。读者可就下图用直线试一试？

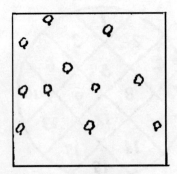

245 巧隔猪圈

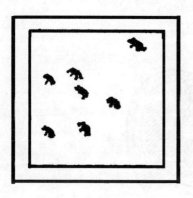

如图是一个猪圈，圈里养了 7 头猪。因为 7 头猪在一个圈里，有的站着，有的躺着，相互骚扰，于是养猪的人想用栏杆把它们隔开，使它们各在一个区域，此时各猪的位置如图。养猪人家中有木板 3 块，他取来做成隔断，大小正合适，每头猪各居 1 格，至此，这些猪不再互相骚扰，各自安静吃睡。读者能想出隔断的方法吗？

246 巧分太极

如图是一个太极图，图中分为黑白两部分，黑部分为阴，白部分为阳，外绕一个环，其大小之比如图所示。回答以下 3 个问题。

（1）外环与小圆（含阴阳两部分）的面积谁大？

（2）只切一刀，将阴阳分两部分，分为同样的四块。

（3）直切一刀，将阴阳两部分，分为同样大小的 4 块。

247 巧合成圆

如图是 2 个马蹄铁。求：将 2 块铁分成 4 块，即每块铁分成 2 块，必须所分的形状不同，然后将这 4 块凑合成一个圆形。

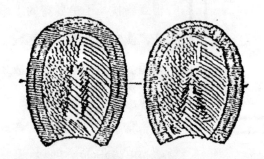

248 圆桌妙题

某小学校有旧圆桌面一个，放在仓库很久没有使用。老师想要把该桌面改成形状及面积相同的两个椭圆形的凳面，而且中间必须有一个孔。老师与某木工商量，木工再三筹划，将该桌面锯成 8 块，然后拼合在一起，果然拼成为 2 个同样的椭圆形凳面，但是中间的孔太大，易发生孩子们从孔中掉下去的危险，所以该凳面仍然没什么用处。某老师把这事告诉了他人。某甲听后说："木工错了，我能锯成 8 块，拼成 2 个同样的椭圆形凳面，而不会让孔太大。"读者能想出是什么方法吗？

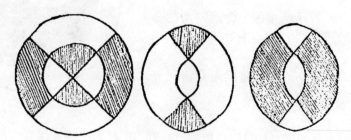

巧剪星形

　　甲某经常折叠一张圆形纸，有一次他对我说："我只需一剪子，就能把折叠好的圆纸剪出一个五角星形。"开始我不信，让甲某做个试验，果然如他所讲。后来我稍加思考，就知道圆纸的折叠方法了。该方法很简单，而道理更是浅显。读者是否也能悟出道理并掌握它的折叠方法？

250

七巧板

　　七巧板为我国古代所创作，是将一正方形的木板分为七块，如图1所示。这七块板能拼成各种形状，茶余饭后，细细品玩，很有意思。

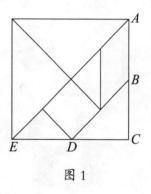

图 1

　　我国对七巧板有专著论述，我在此就不再复述了。本题是外国人用七巧板所拼的各种形体，是我国古书上所没有的，所以例举出来让读者知道。图2所示是人坐地上休息的状态，图3是兔子奔跑的状态，此图应该从侧面观看，更觉逼真，图4是制帽者，图5是拿破仑的像，图6是美洲的土著人，图7是女人，图8是两人打乒乓球的形状，图9是乐队，有指挥的，有弹琴的，有吹喇叭的，有敲锣鼓的，最左边是拉大提琴的，他的旁边有一只狗，并不是狂吠的形状，似乎能听

图 2　　图 3　　图 4　　图 5

图 6　　　　图 7　　　　　　图 8

到奏乐的声音。图 8 和图 9 是凑合若干组的七巧板而成，其组数的多少，读者通过观察便可知晓，从中读者更能体会七巧板的变化无穷。图 10 是一位妇人，图 11 是一位荷兰女子，图 12 是一只鹳，此

图 9

图 10　　　图 11

图 12　　　图 13

图的妙处在它的细足上。看七巧板的任何块数从来没有如此的惬意。图 13 是快艇行驶的状况，仅将上端露出三角形的锐角，看上去就像没有船桅。图 14、15 是两个有品位的人，除一人有脚，一人没脚外，似乎形状相同，但两者各由七块凑合而成。

图 14　　　图 15

图 16 显示两人拼合的方法，每人各含有七块，头及臀部完全相同，身体下部的广狭也相等，

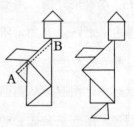

图 16

所不同的第一图的身体是 4 块凑成，第二图的身体仅含有 3 块。第一图 AB 虚线以下与第二图的身体全等，即第一图 AB 虚线以下的身体与第二图的面积相同。读者看上图，定可一目了然，则第二图的足，从何处得来的问题，就不难回答了。

251 拼人形

用七巧板排成以下各种人形，寓有讽刺的意义，是七巧板的意境。

252 新七巧图

此图与七巧板相似，唯独板的形状略有不同，它们也可以排成各种形状，现在择录数图如下，请读者朋友试着拼一下。

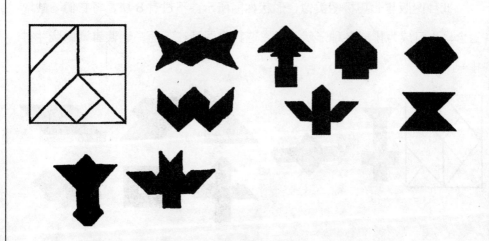

253 益智图

益智图是我国几何游戏的一种，由崇明童、叶庚先生所创造，这些图简直是天然而成，匠心独运，可谓是空前的杰作。现在从《千字文》中选录数字，用来让大家见证它的神奇。

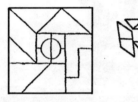   

中　　　国　　　万　　　岁

254 新益智图

此种图版与七巧板图类似，形状如图所示，不过有8块，将它们巧妙地组合，也可成为排成各种形状。现在选择数图列在下面，让读者试制版并拼排一下。

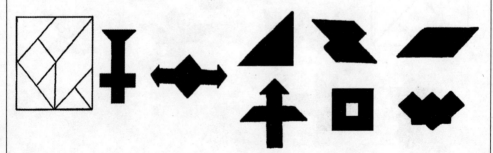

255 十字图 (1)

此图的得名，是因为初创者用此图版排成十字的原因。

图1不是正方形，约长 $3\frac{1}{2}$ 寸，宽3寸，排成的图，可得约130种，现在选择9图列在下面，如图2所示。读者朋友尝试拼一下。

图1

图2

256 十字图 (2)

十字形状的木片，分为11块，如图所示，它们能拼合成各种形状，现列6种样式如图2，请读者拼排一下。

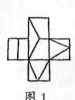

图1

图2

我不知此图的作者姓甚名谁，甚至不知是什么人创作的。这幅图（图1）为一个长宽比为 5:2 的矩形被分成了 18 块，由这 18 块错综复杂的小块经过排列可得出各种图形。我现在录 10 个图让读者拼排一下，从中体会其错综复杂的妙趣！

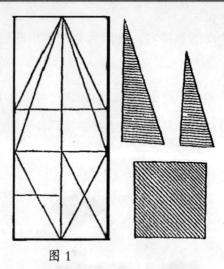

图 1

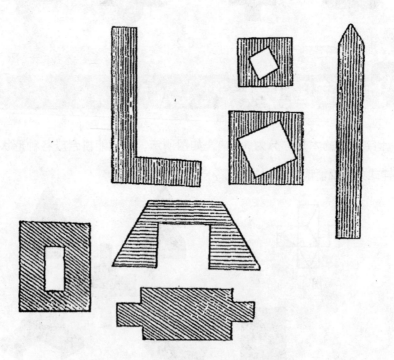

258 智 环

有一圆板被分成了 10 块，形状如图 1，把 10 块重新组合，可拼成以下各种图形，如图 2 所示。读者朋友可以试一试，怎样拼？

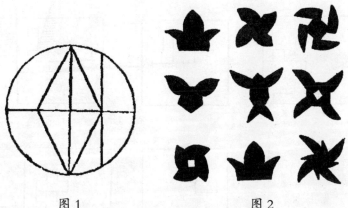

图 1 　　　　　　　　　　图 2

259 四方智慧板

此图板是西洋游戏的一种，板是用木片或金属做成的，上有方格，黑白相间如图 1 所示。将原图分成 14 块，如图 2 所示。这 14 块可以错综颠倒排列，拼成各种不同的形式如图 3 所示。现在设数题如下，题中已标出位置的小板块不可移动，读者试用其他 12 块加入其中，排列成图 1。无聊时以此消遣一下挺有乐趣的。

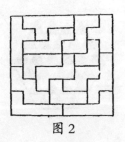

图 1 　　　　　　　　　　图 2

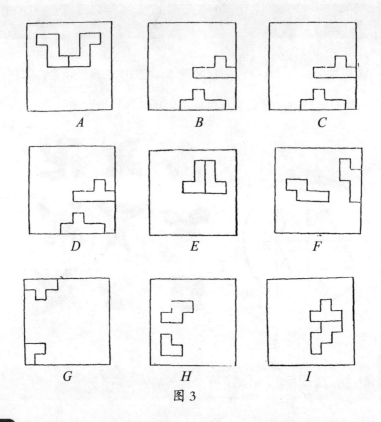

图 3

260 六合图

六合图共有 11 块如图 2 所示，其表面花纹黑白相间，将它们重新排列组合可得多种不同图形。我现在录 12 图如图 3 所示，题中的小板块的位置已定，不得移动，试用其他小板块拼凑成图 1。

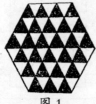

图 1

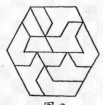

图 2

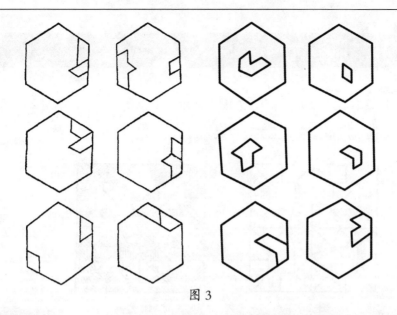

图 3

三角智慧板

前些年在上海，购得三角智慧板一盒，如图 1 所示。分为 11 小块，如图 2 所示。读者试用硬纸仿图 2 制板，拼合成为图 1。

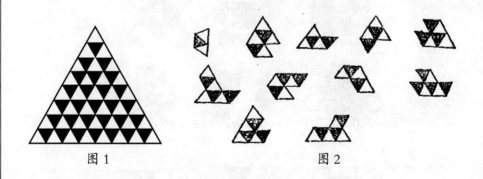

图 1

图 2

有一片方木，分为 48 小块，如图 1 所示。上涂黑白两色，如图 2 所示。
排列之后如图 3 所示，读者朋友可以试一试。

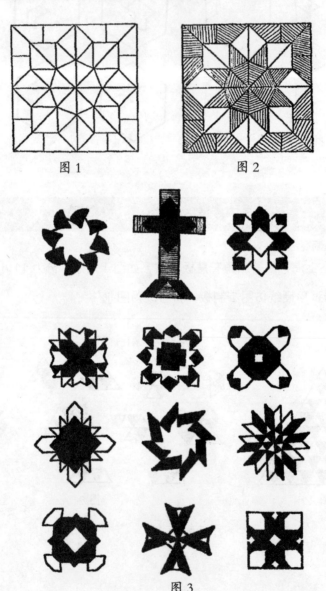

图 1　　　　　　　　　　图 2

图 3

263 改造鸡窝

某农民很擅长养鸡，经验十分丰富，能目测鸡窝的面积。他总结出每只鸡的鸡窝约占 1 平方尺的话，此面积最适合于鸡的生长。遗憾的是，他不精于数学，竟用长 58 尺的竹篱笆，仅仅围了 100 个面积为 1 平方尺的矩形鸡窝，也就是仅容纳 100 只鸡。他一直现在想要改造这个鸡窝，仍然是矩形，以便可容纳最多的鸡。请问此农民的鸡窝，改造之前和改造之后，其形状是什么样的？改造后的鸡窝能容纳多少只鸡？

注：尺为非国际单位，3 尺 =1 米。

264 筑墙技术

某村有一个小湖，风景绝佳。现有贫穷的人建屋子在四周；后来又有人建屋四座在其较外的四周。现在他想要绕着湖边围一堵墙，这堵墙要绕开离湖面近的那些房子，把湖围在自己家里，而且要使墙的长度最短。请问此墙用什么方法筑成？

265 土耳其国旗制法

土耳其国旗形似新月，制法先用点 C 为圆心，作一个圆，之后作一个小圆，内切于大圆即成。

一个孩子想制成一面国旗，问老师说："我用 *BD* 的长 9 厘米，*EF* 的长 5 厘米制成，老师知道大圆与小圆的半径吗？"老师让孩子自己先思考。孩子苦思不得，读者朋友能帮一下他吗？

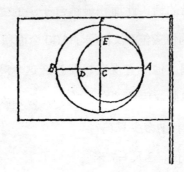

266 球类问题

一名雕刻师把一个石球放在地面上，问一个孩子说："若此球不动，直接挨着此球，在地面上还可放多少个相等的球。"这个孩子苦思了半天，也不知如何解答。后来，他反问雕刻师说："若此球体积的数值等于此球面积的数值，那么此球的直径应该是多少？"此时雕刻师也有些茫然，不知如何解答。读者能代表孩子和雕刻师回答上面的问题吗？

267 来往途径

　　一个挤奶的妇人，想要去挤奶，必须先去河边洗手，然后才能去挤奶场。挤完奶，也必须再去河边洗手，然后才可回家。时间一长就养成习惯了。一天，她想要求一条最短距离的来去途径，读者能知道这条路径吗？

268 布带交点

　　有两根竹竿，一根长 7 尺，一根长 5 尺，垂直立在地面上，一个孩子用布带缠绕竹竿，一根从竹竿的上端到竹竿的下端，一根从竹竿的下端到竹竿的上端，两者相交于某点，任意垂直移动两竿，而此点与地面的距离相等，请问此距离是多少？

269 妙算红布

甲某制作一面红十字旗，询问某数学家说："此旗长3尺，宽4尺，中间用等宽的红布制成十字，以使旗面上红色部分与白色部分所占面积相同，请问红布的宽究竟是多少？"这位数学家回答不上来，读者能知道这道题的计算方法吗？

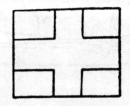

270 羊圈模型

数个孩子用13根火柴，制成6座面积相等的羊圈模型。一个孩子说：如果火柴去掉一支，仍然可以制成6座相等羊圈的模型吗？众人思考后，果然有一个方法。读者能知道是什么方法吗？但改变时，火柴不能折损，其两端尤为不可不互相衔接。

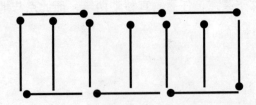

271 火柴趣题

用 18 根火柴排成两个矩形，一矩形的面
积等于另一个矩形面积的 2 倍。现在想要用相
等的火柴，改变这两个四边形，使一个四边形
的面积是另一个四边形面积的 3 倍；又改变成
两个五边形，使一个五边形的面积是另一五边
形的面积的 3 倍。请问怎么改变？但此题所用
的火柴，不能重复放在一处，火柴的两端一定
要衔接。

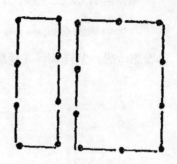

272 圆锥变柱

有一块橡胶泥呈圆锥体形状，现在想要将它改变为圆柱体，现不论改变
后的高的大小，只求最后的体积最大。读者能否找到一个简单的方法，以方
便快捷地求出最大的体积？

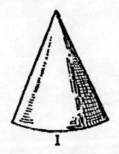
1

2

3

273 排列手杖

某商店有 12 支手杖，8 长 4 短，而长的是短的双倍。现在店主想要把手杖装饰在精制的木板上，成若干个正方形，但手杖必须完全附着在木板上。读者想一想，怎样装饰才能达到店主的要求？

274 计算羊绳

有一块正三角形草田面积为 100 平方米，有人用长绳把小羊拴在此田的某个角落，不久，此羊在此田内所能吃的草，都已经吃光了，计算其面积是全田的一半，请问拴羊的绳子是多长？

275 长绳度地

　　某人有矩形田一块，用一半栽桑树，一半养鱼，即桑田的面积等于鱼池的面积。鱼池在田地的中间（即与各外边距离相等），桑田在鱼池的周围，有人问这个鱼池的位置是怎么画出来的，某人回答说："修筑鱼池的时候，有个工程师并不计算尺寸，仅用一条长绳测量此地，不久就形成此形状。"读者想一想，这个工程师究竟用什么方法测量此地的呢？

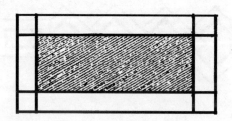

276 土墙筑法

　　正圆形公园四周筑有土墙，中间有四座茅屋，其位置如图所示。现在某人还要筑三道墙，4等分公园的面积，每块各占一座茅屋且所占的土墙长度相等，请问用什么方法来筑此墙？

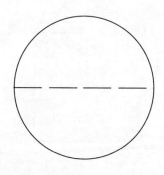

277 剪纸成链

　　如图是一条硬纸环链，许多读者认为由六个环形纸，各切开一边，依次穿成，然后再把切断处粘好而成的。谁知这个链只需一片硬纸，用一把切纸刀，将硬纸或剖或切，立刻形成此链。用此方法，不但能穿成六个纸环，即使是千百个纸环，也是不难穿成的。读者若能悟出折叠硬纸的方法，解决此题就成功了一半。

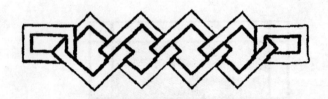

278 剪纸巧思（1）

　　有一张正方形纸，缺$\frac{1}{4}$，如图所示。现在想要把此张纸，剪成 4 个全等形，且形状与原图相似，请问怎么剪？注意，只许两剪。

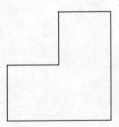

剪纸巧思（2）

将图1剪2次，分成6块，合成图2。

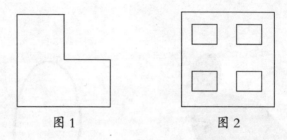

图1　　　　　　图2

剪纸巧思（3）

有一张白纸，长宽比为2:1，如图1所示。试用剪刀分为9块，将它们排成图2，但必须一剪成功。

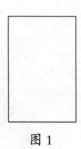

图1

图2

有一张硬纸，剪成蛋形，请将蛋形剪成 3 块，然后将它们拼成一只鹅，鹅像刚从蛋孵出来似的。大家知道该怎么剪吗？

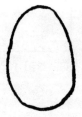

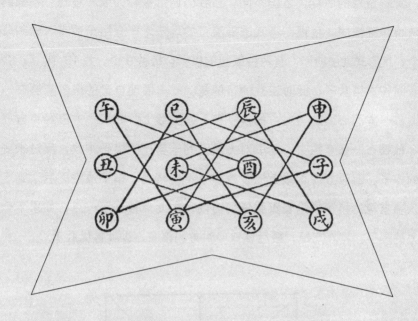

第十章

巧妙移动

282 成三趣题

此种游戏的名称，各国不同，在我国通常被称为成三趣题。各国的游戏方法也各不相同。我现在将我国最流行的玩法之一介绍给读者。先制成棋盘一个，其形式如图所示。有两种颜色的棋子，每种9个，共18个。玩者两人，对弈时按次第放子，此时游戏的目的是：一方面使自己的棋子能够在一条直线上，一方面必须妨碍对方的棋子在一条直线上。如果一方已经将自己的棋子3枚摆在一条直线上，则取对方最有利于自己的棋子1枚，反过来变为自己的棋子。但对方在直线上的3枚棋子不能移动。棋子放完之后，则玩游戏的人将自己的棋子，沿着直线任何方向，由此点移到下一点，如果下一点有对方的棋子，将其吃掉，最后谁取尽对方的棋子，谁就是优胜者。

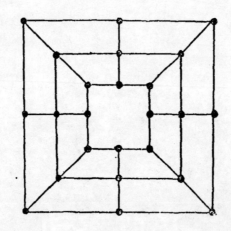

283 铁道趣题（1）

如图 BDC 是铁道主干路，BAC 是支线路，在 B、C 两处与主干路连合，B 的左侧有货车 P，C 的右侧有货车 Q。B、C 之间有机车 R，支线路上有隧道 S，其长度与货车 P、Q 的长之和相等，唯一的问题是隧道狭窄，机车没办法通过。现在想通过交换 P、Q 两车的位置，使 R 仍然回归原位，请问用什么方法才能使机车通过？

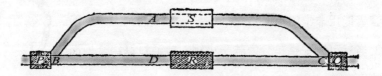

284 铁道趣题（2）

某铁道有主干路和支线路，如图。P、Q 是货车，M 是机车，现在想交换 P、Q 的位置，用什么方法？但是 A 处不能同时容下两车。

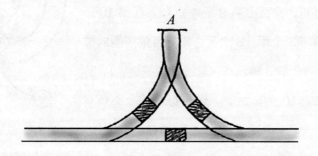

285 铁道趣题 (3)

　　单轨的铁道运行时困难很多，而双轨的铁道建设起来费用太高，所以不得不用单轨的铁道。现在有条单轨铁道，中途有极短的一段专用作避车线，与主干线相交而成为圆，但是由乙到丙无论左线或右线，其间每条线上只能容纳八节车，现在有两节车头，各带货车16节，朝对面驶来已达如图的位置。此时必须有一车退回原站，或撤去货车9节才能行进。读者能用非常简单而且正确的方法，使两列火车均能通过吗？当然可以把整车分为若干小组，或通过联络交换而前后移动。

286 铁道趣题 (4)

　　读者用大纸一张，依照图的形式另绘出一张放大的图，并用9张小纸，3张写甲，3张写乙，3张写丙。看图可知，交线上有9所停止处，而第10所则在圆外。再将3个甲，3个乙，3个丙依照图的位置放妥（甲乙丙代表3种汽车，黑线代表铁道，1，2，3，…，10代表10个车站）。现在每个圆上必须有

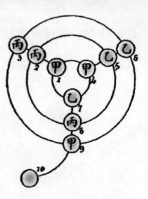

一甲，一乙，一丙，而且甲、乙、丙须在一条直线上。试由一站到另一站，沿着铁道而移动，每次移动一车，次数越少越好，请问应该怎样移动？

287 婆罗门之谜

昔日婆罗门教祖在临终时对他的门徒说，此地有三塔，中间塔上有金刚石环 64 枚，在底下的最大，由下往上，一个比一个小，左右两个塔没有。若把中间塔上的环移到左塔或右塔上，而大小的顺序不变，此项工程如果能完成，世界也就不存在了。但移动时大环不能加在小环之上。请问移动此环究竟需要多少年？此谜从未被人破解，如果大家喜欢计算，就去试着算一算吧。

288 特别的摩托车站

甲某有一个停车场，场里有 12 个车位，上面停着 8 辆摩托车。位置如图所示。车位的形式是正方形，每个车位内只能停一辆车，现在八辆车依次排列，停在上下两行的车位中，1，2，3，4 在下面，5，6，7，8 在上面，如图。现在甲某想使上方 4 车与下方 4 车互换位置，但其排列的次序必须是从左到右，而且次数越少越好，每次移一辆车，移动时不能越车而过，但可经过空车位到另一个车位。例如此时（若车的位置如图）只可移 6 或 2 到午或未，但是 1 或 4 等则不能移动，他的搬移方法应该是什么样的？

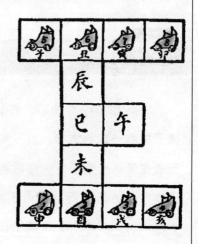

289 八辆机车

某铁道公司有机车8辆,铁道的形式如图所示,车站9个,其位置如图中的甲、乙、丙……。各机车停止时,必须停在指定的9个车站上。此时各机车颠倒错乱地停在各车站(位置如图),唯独辛站上没有停车。现在想使各车顺次围绕在圆上,只留中央的甲站没车。现在移动了17次,已达到目的。但是其中有一辆车发动机坏了不能移动,读者能推测出是哪辆车发动机坏了,移动的顺序是怎样的吗?

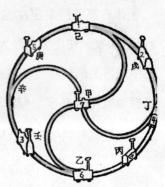

290 移　橘

圆桌上放12个小碟,如图所示。每个碟子中有1个橘子,先任意取一个橘子按照一定的方向,越过旁边的两碟,而放在下一个碟子中,然后再取另1个橘子依照此方法运行。移动6次后,则有6个碟,每个碟中有2个橘子,其他6个碟子是空的。需要特别说明的有3点:

　　(1)取橘子越过另一个碟子而绕桌子进行,必须按照一个方向进行,(如移1到4,就不能移1到10,而且已经移1到4时,

若在想移 3 到 5，则必须绕过 4，5，6……到 3，然后进行。所绕圆周次数必须加 1）；

（2）被越过的 2 碟，不论是空碟，或是已经有了 2 个橘子的；

（3）6 个有 2 个橘子的碟子，必须与 6 个空碟的位置各个相间，而且所绕圆周次数必须越少越好。它的移动的顺序是怎样的呢？

291 九个桃核

取一张正方形的白纸，分为 25 格，把 9 个桃核放在中央的 9 格中，如图，并记号码在每个桃核上，便于说明。此谜题在于使 8 个桃核依照下面讲述的方法，依次取出，只留 1 个放在中央的 1 个格子中。移动的方法是：先取 1 个桃核越过旁边的另 1 个桃核，放在下 1 个空格中，然后被越过的桃核就可取出，移动的方向没有规定，或纵、或横、或斜均可。唯独移动的次数越少越好，若同是 1 个桃核而连续越过另一桃核时，则以 1 次计算。怎样移动，才能符合上述要求呢？

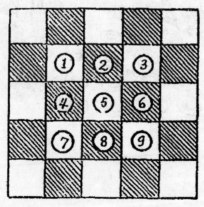

某人把家人聚到一起，围绕在桌子的周围。桌上放了 16 个小碟，呈正方形排列，其中 10 个碟子各有一只苹果，如图的位置。现在他们想用一个特别的方法，依次取出这 10 只苹果之后再吃。先取 1 只苹果越过旁边的 1 只放在下 1 个碟子中，然后被越过的苹果就可以取出，这样一直取到最后，只剩 1 只苹果，再没有其他的苹果可越过了，就可以直接取出来。越过时必须依照纵横方向而不能依照对角线的方向。但是此时苹果的位置并没有可越的苹果，必须先任意移动 1 个苹果到其余的任一空碟中，然后方可进行。现在某人的儿子急于取苹果吃。读者能否为他拟定取苹果的步聚，先移动哪个苹果到哪个位置？之后又如何移动，方可用最少的步聚将 10 只苹果完全取出。

293 十个囚徒

监狱对我们这些遵纪守法的人来说没什么用处，但可以供我们作数学游戏的工具。现有监狱一所，如图所示，有16个监舍，内有囚徒10人，各占监舍一间，其位置如图所示。但狱警因为奇数、偶数不能确定而使排列发生困难。该狱吏非常喜欢每列（横排、竖排、斜列）的囚徒数均是偶数，看图可见开头所指的各列，囚徒数都是偶数，但如图的排列囚徒数成偶数的，仅有12列。现在知道最多可得16列。该狱吏只允许移动4人到其他的室内，而且说明在最下一列最右边的1个囚徒身患重病，不能迁移，我们按照这个条件，怎样移动才能使16列的囚徒数量都是偶数呢？

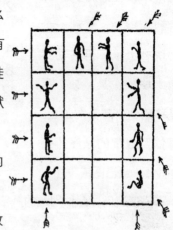

294 巧移十五

欧美在1880年左右，几乎没有人不研究15字棋这种新游戏。该游戏是在一个扁平的方形木匣内，放方形木块15个，其上面刻有1到15的数字。唯独甲这个地方是空处，不放木块，利用这个空处，可把其他木块移动到此。（不得取出匣外而再放入），匣中木块可以任意排

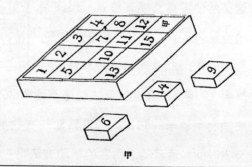

列而不按照顺序，有如乙、丙两图。游戏时，先将木块任意排列，然后利用空处，移动一个木块补上来，再移动其他木块补在其空处，反复移动到排成丁图为止。再依照数字的顺序排列如戊图（或己图或庚图）也可。读者们，此种问题的解法是什么？

9	3	8	
5	4	12	7
15	6	10	1
2	11	14	13

乙

8	14	3	5
10	11	9	1
4	6		2
13	7	15	12

丙

1	2	3	4
5	6	7	8
9	10	11	12
13	14	15	

丁

4	3	2	1
8	7	6	5
12	11	10	9
	15	14	13

戊

13	9	5	1
14	10	6	2
15	11	7	3
12	8	4	

己

1	5	9	13
2	6	10	14
3	7	11	15
4	8	12	

庚

295 罐头的排列

有24罐的罐头食品，放在24格的厨内，如右图中的排列，不是依照各罐的编号顺序排列的。现在想顺着罐上的编号数而放在厨内，这必然使各罐交换其位置，但交换的位置须最少。如图中各罐的位置，除编号13和19两罐无须移动外，

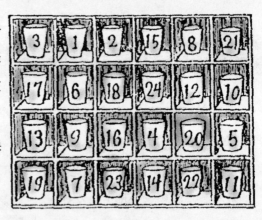

其余22罐，须互换位置。如果不论移动次数，一般人都能达到目的。但我们必须利用数学的知识，务求移动的次数是最少的，既可省去很多的劳力，又节省时间。读者能求得它的移动方法吗？

296 八个小孩

有 8 个小孩，4 男 4 女，相互坐在椅子上，如图所示，左端有两个空椅，现在想通过 5 次移动，使男女分开，男与男并坐，女与女并坐，仍留有两个空椅在一端，移动的方法是：先任意使并坐的两个小孩到空椅上，但移到新椅上时，原在左边的换到右边，原在右边的换到左边。然后在按照前面的方法继续移动直至满足谜题要求。请问，应该怎样移动？

297 两种帽子

有 5 顶丝帽（如下图扁顶的）和 5 顶毡帽（如下图圆顶的），每个帽子挂在壁上，壁上挂帽子的钉子有 12 个，右端的两个钉子没有挂帽子，如图所示。现在想要变换帽子的位置，使 5 个丝帽挨着挂在一起，5 个毡帽也是这样。而 2 个空钉必须在壁端。移动的方法是：必须先取 2 帽挂在空钉上，再移动其他的 2 帽到当前的空钉上，以此类推，直到帽子移动完为止。但必须注意所移动的甲乙 2 帽，原来甲在左边而乙在右边，移动到新的位置，甲仍在左边，乙仍在右边，只限制 5 次移动。请问，用什么方法最好？

298 巧攻敌舰

有敌舰 16 艘，排列成正方形，四周都可以攻击。但一炮弹发出，必然经过第三舰而打击第四舰，如图的排列。这样一来，至多只能击沉七艘敌舰。箭头所示是炮弹进行的方向，1，2，3，4，……表示炮弹先后的次序，这样只有最上一行以及最左一列的军舰被击沉。现在可以设计使敌舰变换排列的形状，达到击沉敌舰数量最多的目的。（注意）一舰被击沉后再发下一炮，也就是说，一艘被击沉了，发第二炮时此处应该没有舰船了，而且炮弹发出的方向各不相同。

299 黑白换位

用硬纸做棋子状的小块 12 个，6 个白色，6 个黑色，并记白色的棋子是子、寅、辰、午、申、戌，记黑色的棋子是丑、卯、巳、未、酉、亥六字先依照图 1 的位置放好，现在想要变换其位置使它们成为有规则的行列，如图 2，交换位置时必须依照图中有黑线相连的，而且相连的两字或同为白色，或同为黑色的，都不能交换，交换位置的次数以 17 次为最少。（试验时若

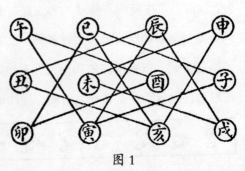

图 1

图2

只移动白色到如图2的位置，只须交换11次；若只移动黑色的到正常的位置，则至少须17次。所以想要使白色以及黑色的都能达到正常的位置，至少需交换十七次。）它们交换的次序是怎样的？

300 移棋相间

取黑白棋子各3枚（或4枚）排成一行，使白子在一端，黑子在另一端。现在取相邻的2子移动3次（4子则移动4次）变为黑白相间，唯独不得使用有空4子的位置。现在例举出3子及4子的移动方法如下，请问若多于4子时它的移动方法是什么？

3子原式

第一次移动

第二次移动

第三次移动

4子原式

第一次移动

第二次移动

第三次移动

第四次移动

上面移动步骤如下：

① ② ③   ① ② ③ ④

3子：左 左 左   4子：左 右 右 左

1	4	1
4	5	2

2	5	2	1
3	6	3	2

（数字为棋子的序号，每次移动两颗）

凡是从左移到右侧的说左从左数起，从右移到左侧的说右从右数起。

301 干酪商

有个干酪商特别喜好数学，无论做什么，都能运用数学思考。现在列举一道难题给读者作游戏资料。有16个牛乳饼放在库房的地板上，列成一行，现在想把16个饼叠成4堆，每堆4个，叠堆的方法是：先任意取一个饼，越过近旁的4个饼后放在下一个饼上，被越过的4个饼子，不论它们是怎样排列的，或者叠成堆的，不限制越过的方向，移动12次就成。但是所成的4堆的位子有很多种。现在指出3种如下：

（1）4堆的位置在1，2，15，16四处；

（2）3堆并列于13，14，15三处，其他一堆可任意；

（3）4堆的位置在3，5，12，14四处，各堆的位子既然不同，则移动的方法也就各不相同。请问究竟怎么移动？

有 13 只老鼠被猫捕获，老鼠想要逃脱而没有办法，于是它们相互商议，商议出一个办法，对猫说："现在你想杀我们，我们无力抵抗，只得坐以待毙。但我们有一个特别的游戏，愿意与您共同来玩，这样我们虽然死了，也能得到最后到快乐。就是您吃我们的时候，也会觉得有味，不知您是否同意？"猫说："太好了，请你们说得详细些。"老鼠说："我们排列成一个圆，任您从任何一个地方为起点，绕圆而走，到第 13 个则取来叼它吃掉，然后再从被吃的下一个数起，数到第 13 个，再取来叼

它吃掉，这样到最后，我们都被您吃光了，但我们当中有一个白色的，它的肉嫩而肥，可作为您最后的佳肴，您必须思考一下，应当从什么地方数起，则白鼠可留到最后吃？"

猫说："稍等，让我想一想。"不想猫思考了很长时间，觉得非常困乏，于是就酣睡进入了香甜的梦乡。

老鼠们见猫睡熟，知道它已经中计，于是就一哄而散，安然地进入各自的洞中了。读者读到此处，想必惊讶这些老鼠的狡猾，思考之后也帮猫解答这个难题。这个问题解决后，还有两个问题（由此题引申而得），也可供读者研究：

（1）若从白鼠数起，而且白鼠也是最后被吃，应该把 13 改为什么数才行（次数须最小）？

（2）若从白鼠数起而白鼠被吃在第 3 次，又应当用什么数（次数也必须是最小的）？

巧取硬币

有18枚硬币，排成如图所示。依照下列的规则，按顺序拿起来，请问有多少不同的式例？

（1）从甲拿起；

（2）拿起时顺序必须在一条直线上，不得超越，不得斜行；

（3）已经拿起的硬币，其空位处可以通过。

现在设四例如下：

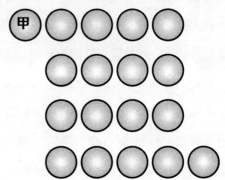

（1）	（2）	（5）	（6）	（7）
	（3）	（4）	（9）	（8）
	(16)	(15)	(10)	(11)
	(17)	(14)	(13)	(12)	(18)

（1）	（2）	（5）	（6）	（7）
	（3）	（4）	（9）	（8）
	(16)	(11)	(10)	(15)
	(17)	(12)	(13)	(14)	(18)

（1）	（2）	(11)	(10)	（9）
	（3）	（4）	（5）	（8）
	(13)	(12)	（6）	（7）
	(14)	(15)	(16)	(17)	(18）

（1）	（2）	（7）	（8）	(13)
	（3）	（6）	（9）	(12)
	（4）	（5）	(10)	(11)
	(17)	(16)	(15)	(14)	(18)

硬币游戏

有 15 枚硬币，按顺序排成一行，试依照下列规则移动它们，让每 3 个叠在一起，而且距离相等。

（1）每次移动，只能取 1 枚。

（2）移动时不限制向左向右，但必须超过 3 个硬币或在原位置，或是已经超过的。

（3）移动仅限 10 次。

305

垒硬币

将 12 硬币列成一个圆，如图所示。先取 1 个硬币越过最近的硬币而放在第 3 个硬币的上面，然后再取另 1 个硬币，依照此方法运行，运行过 6 次后，则 12 个硬币叠成 6 对，但是此 6 对的位置必须在 1，2，3，4，5，6 处，越过时的方向不限制。只需绕圆而进行，（注意）被越过的硬币必须是两个单独的硬币，如

果已经成对的以及只剩空位置，而该处的硬币已经移到另一处的，都不算。

306 物大难调

某旅馆有 6 个房间，每间相通，其中有 5 个房间储藏物品，另一个房间空着。现在馆主想要把大风琴和书架互换位置，但是房间小物品大，每个房间不能同时放两个物品。

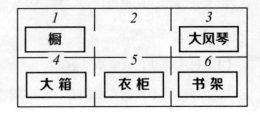

1	2	3
橱		大风琴
4	5	6
大箱	衣柜	书架

它的移动方法，例如，移动衣柜到 2 房间，移动书架到 5 房间，移动大风琴到 6 房间。现在想要花费极少的劳动力而达到目的，请问应该怎样搬移？

307 排列图记

8 个相等的图记放在盒子中，想要取出盒子外面，非排列成甲、乙、丙、丁、戊、己、庚、辛不可，现在图记的次序如图所示。请问怎么移动才能取出盒子外面，要求移动的次数最少。（注意）移动时图记不能取出盒外。

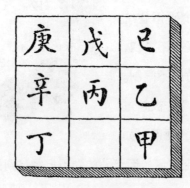

308 英国十字勋章

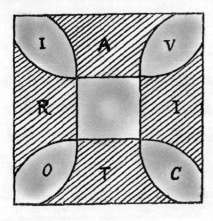

英国 VICTORIA 十字勋章四周共有 8 个格，每格内顺次嵌入一个字母，其形式如图所示。现在想要 V 由白的位置移到黑的位置，而 V、I、C、T、O、R、I、A 8 字母仍可顺次地读，至少需要移动多少次？它的移动方法，由此格可移动到相连的第二个格，并且每格内不得同时容纳两个字母，所以开始时，必须由 A、R、T、I 移到中央空格。

309 棋子交换

如图所示圆周上有 11 点，每个点上可放 1 枚棋子。现在有甲、乙、丙、丁、戊，5 枚白棋子，放在圆的左边。己、庚、辛、壬、癸，5 枚黑棋子，放在圆的右边。现在想要交换黑白棋子的位置，它的交换方法是：此棋子可移到下一个空格内，并且可以越过与其颜色不同的棋子到第二个空格内，这道题由某数学家交换过，共 26 次，是最少的次数。读者也想知道这道题的移动次序吗？

这道难题是西方的古代游戏，它所用的器具是一个圆形光滑的板，上面有 33 个小圆洞，形状如图所示。每个小圆洞中各放一个大理石的小圆球，方法是先把各小球放在各洞中，其目的使各小球依次取出，只留最后的一个球能够移到中央的空洞中（处在中央的一个洞即 17），移动时使一个球越过近旁的一个球而到一个空洞中，随即取出近旁被越过的一个球，凡是移动一个球，必须越过另一个球，而且必须取出一个球，移到最后，只剩一球留在中央洞中，其他的都完全取出。读者试用厚纸一张，做 33 个小洞，并在各洞旁注明号数，用钮扣或黄豆之类的当作小球，依照上面的方法移动求其结果。移动的次数须最少。每一球移到另一洞而取出一球是一次，有同时一球而移动数次的，也认为是一次，例如，5——17、12——10、26——12、24——26 等，是以不同球移动一次，各算一次；（13——11、11——25），（26——24、24——10、10——12）等，括号里是以同一球移动数次，也只记作一次。

请问，怎样移动步骤最少？

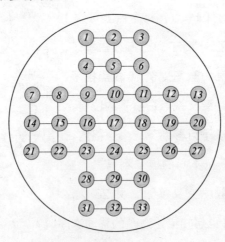

取一张纸，上面画十字形小方格，如下面图1。另剪圆形纸32个，其中一个画成绅士，一个画成猎人，剩下的画成鸟兽的形状。游戏的方法如下：

（1）把圆纸放在方格纸格点上，如下面图2。图的中央格点空出来；

（2）利用中央的空处，任取一鸟（或兽，以下如此），超过另一鸟，而放在空处，被超过的鸟取出来，再用另一只鸟超过一只鸟，放在空处，仍然取出被超过的鸟，每个动作一次，取出一只鸟，绅士、猎人可超过鸟兽，而鸟兽均不能超过绅士或猎人，唯独绅士可以超过猎人；

（3）最后鸟兽及猎人均取尽，唯独绅士独居中央。请问用什么方法来取？

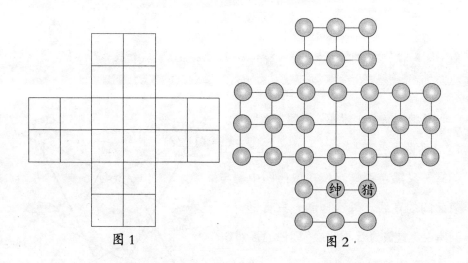

图1　　　　　　　　　图2

312 蜈蜂争巢

有个圆周形的蜈蜂窠有 13 个穴，里面居住着 12 只蜈蜂，其次序是 1，2，…，11，12，其位置如图所示。现在蜈蜂们想交换它们的洞穴，把它们的顺序颠倒一下，使它们按反方向排列。不管按什么顺序，一次只能移动一只，移到相邻的空穴里或隔着一只蜈蜂跳过去（必须跳到空穴，像跳棋的走法）。这种平移或跳移，可在任何时候，向任何方向进行。请问，最少需要多少步才能完成此任务？

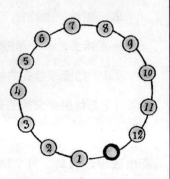

313 跳青蛙

草地上有八个木菌，位置如图所示。 1、3 两菌上各有一只白色青蛙，6、8 上各有一只黑色青蛙。现在依照图中菌与菌之间的直线，每次移动一只青蛙，直到黑白青蛙位置互相交换（即白的移到 6、8 上，黑的移到 1、3 上）而止。当然，您可以用四枚棋子替代青蛙做此题，但

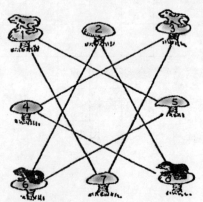

不论怎样，你都得花一番工夫才能找到答案。至于用最少的步骤解决问题，则相当不容易。所谓一个步聚就是一个青蛙继续移动到停止的地方，并不是由此菌到彼菌，但是两个青蛙不能同时在一个菌上。读者可亲自试一试。

青蛙教练（1）

有6只青蛙，名字是1，2，3，4，5，6，按照顺序各居一巢，青蛙可以由此格进退到下一空格，或跳过相邻的青蛙到下一个空格，方向不限。现在能用最少的次数，将下面青蛙的次序颠倒。读者思考一下，应是多少次？此题可用一个简单的公式来解答，无论有多少青蛙都适用。

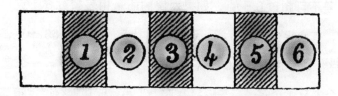

青蛙教练（2）

有6只青蛙，3黑3白，放在玻璃杯上，青蛙能直接跳到下一个玻璃杯上，或第二个玻璃杯上。现在也是由童教练指挥，经十次移动，可颠倒黑白青蛙的位置次序。读者能知道童教练是怎么指挥青蛙颠倒次序的吗？

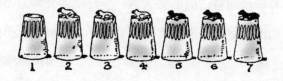

316 智 盗

森林中有一座古堡，内藏一个箱子，箱子中装有价值连城的宝物。有3个盗贼，一个是壮年，一个是少年，一个是幼童。因为古堡上的窗子很高，不能从窗口直接跳下，因而如何逃走就成贼人们亟需解决的难题。哨兵在窗外放了一个滑轮外，用绳拴挂着，绳子的两端各系一个筐。当一个筐在窗口时，另一个框就着地，但人在筐中是没法帮助他人的，也不能被人帮助，而两筐一重一轻，相差不可超过6千克，如果两筐的质量相差超过6千克，两筐的升降速度太快，有伤害生命的可能。现在知道壮年的质量为66千克，少年的质量为36千克，幼童质量为30千克，箱子质量为24千克，一个筐中可容纳2人，或1个人及1个箱子。三贼经几次上下后，成功地窃得宝箱逃走了，真可说聪明之至。读者朋友，可知他们用什么方法将宝箱盗走的吗？

317 四女渡河

某村有一个寡妇，与她的4个女儿生活在一起。4个女儿都有自己心上人，她们的母亲严禁她们外出约会，这让她们很伤心。于是4个女儿私下商议，一起出去找到自己心上人，并约在某夜里私奔。机会来了，四女趁母亲熟睡后出了门，各自找到自己的心上人后，一起逃向外地。不想没走多远，一条河拦住了他们的去路。他们决定渡河到对岸，这样即便母亲知道了她们外逃也没有能力追赶了。正好有一条小船系在岸边，小船每次只能载2个人，而四女猜嫉心都极强，都怕自己不在时，她的心上人与她的姐妹单独在一起，这样种情况是不能过河的。幸而河中间有一个小岛，真是天公给她们一条生路。

因为岛上可以站立若干人，小船往来其间，就可以作中转站。如若岛上某小姐而小舟中不是该小姐所爱的人，则该男士不能单独乘船过河。为了让这群人用最快的方法过河，我们应该怎样安排？

318 三夫妇渡河

甲、乙、丙三对夫妇渡河，得一小船，船只能容纳 2 人，并且约定，妇人不能离开她的丈夫而与其他男子同在一处，请问应该怎么渡河？

319 五夫妇渡河

有 5 对新婚夫妇，同度蜜月到河滨，想要渡到对岸，但 5 个丈夫的嫉妒心极强，在没有到达对岸时不愿意自己的媳妇与其他男人在一块。他们雇了一条渡船，船一次只能容纳 3 人，请问怎样安排才能最快地让这 5 对夫妇安然过河？

320 渡海港

数年前，某滨海的一个地方遭到倭寇的袭击，损失巨大。但倭寇的船特别小，装不下所劫的财物，倭寇又舍不得把财物扔掉。因此将大量的珠宝埋在人迹罕见的地方，等待卷土重来时再取。孰不知被三个渔夫偷看到了，他们相约在某夜里各携带布袋到藏宝处，把珠宝挖出来藏在地窖里。甲所得到的是价值 8 000 元；乙所得到的是价值 5 000 元；丙所得到的是价值 3 000 元。归途必须经过一个海港，因此出现了困难，去的这三个人，互相不信任自己的朋友。而所备用的船又不能同时载三人，只能载两人或一人与一物。但一人在船上或在岸上时，不能与他人的口袋同在一处，两人在一块时还可以，因为两人能互相监督。请问用什么方法并用了至少需要多少次能过海港？不许用游泳及其他方法。

321 过 渡

某夫妇携其两个儿子，还有一条狗外出旅行，他们一行来到一个渡口，渡口停靠一艘能只载质量 50 千克的船，而夫妇两人的质量各重 50 千克，其子各重 25 千克，狗的质量小于其子。但无论如何不能游泳过河。当时丈夫命妻子先渡河，等到了对岸后而船又没人送回，还得妻子返回，这样来回运送的方法自然行不通，一家人很是焦急，读者朋友，不知能否想到好的方法，让这家人平安渡过河？

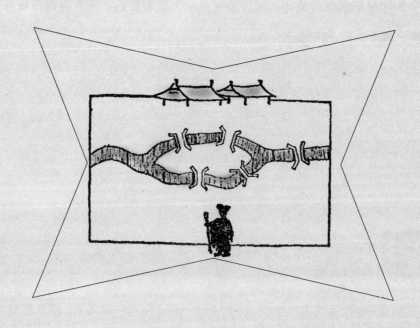

第十一章

一笔画趣题

如图是回回教的教印，试用笔来画它。笔着纸后，不允许离开纸，并且在同一线上，笔不许经过两次，请问应该怎么画？

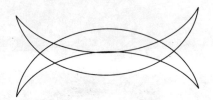

现有一图，圆内有一个点，求用一笔画成。所谓一笔画的，就是笔落纸后，不再提起而画成此图。

324 三笔画

读者想必见过下列简单的图形，现在想用一张白纸，一支笔（铅笔或中性笔均可），依照此图的形式另绘一图，但只限三笔画成。笔尖落纸上可向任何处进行，到没法再沿线向前走时，就应该提笔离纸而从另一处落笔重新绘。一提笔就是所说的一笔，但已经绘出的线上不能再绘第二次。读者朋友先用粉笔在石板上绘此图，用手指依线擦去，当然也是限制三次擦去，其规则与上面相同。

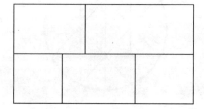

325 英国旗

如图为英国国旗的草图。现在想绘此图形。先任意从一个地方落笔，然后向任何一个地方画去，画到不能画时，然后再画其他地方。笔画的多少不限制，但第一笔越长越好，唯独不能经过已经画出的线上。请问怎样画最省笔画？

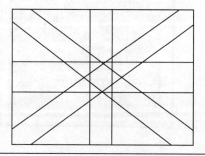

326 连续画

现在想要画下面的图形，用笔先从任意一个地方画起，连续进行，直到画成为止。但连续画时，所变方向的次数，越少越好，已经画出的线上，可以再画第二次，甚至任意画若干次。当然在同一线上，如果进行的方向不同，那么变动方向的次数必然较多。现在要求以最少的次数变动方向完成此图，请问应该怎样画？

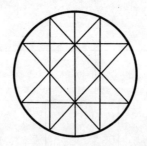

327 地 毯

如图是土耳其地毯的图形，读者试用铅笔在图中白线处，画一条连续不断的线，但图中所有白线，均需经过，且铅笔着纸后，不得提起重新着笔。

花园路径

如图是花园中的路，如果园丁从一端走到另一端，要走遍园中各地，并且已经过的路不许走第二次。请问应该怎样走？

329 旅客的行程

如图是 64 个村庄。现在有某旅客想要从黑点所表示的一个村庄出发，依照黑线所表示的道路行进，限 15 次的回转，而所行的路须最多（每两村相距 1 千米），但一条路上不能经过两次。

例如：由黑点出发行到甲，然后转向乙，行进到乙，再转向丙，到丙再转向丁，到丁再转到戊，由戊再转到己等，如此行法，虽未违背规则，但行到最后所经过的路程未必最多。

现在限 15 次回转，而所经过的路程又必须最多，应该怎样行进？

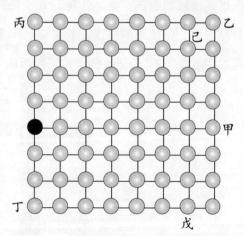

330 遍游十六村

如图是 16 村，有个旅客要走遍 16 村，但每村只经过 1 次，现在从 1 村出发，依照黑线所表示的道路行进，行到最后则仍然回到 1 村，共有多少不同的路径？

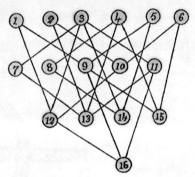

331 旅行常识

如图是 12 个汽车站，站与站之间有铁道相通。现在有一旅客偏要走这里的十七条铁道，他任意从某一站出发，而且任意到某一站为止。如果读者试一试这道题的走法，必然知道有许多条铁道被经过一次以上才行。现在知道每站与另一站相连的铁道，长度都是 1 千米。如果想要走遍各条铁道所行的路途必然多于 17 千米，但要求所经历的路途越短越好，请问应该怎样走？

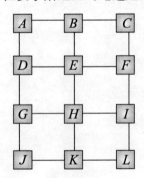

332 立志周游

某省有 24 县，县与县之间建有铁路，如网状相连，如图中的虚线所示。A 县人王某年过半百，过去从未离开县城一步，这时恰有个朋友在 Z 县经商，邀王某前去游玩。于是，王某下决心借此机会周游各县。但因为经济能力有限，每县只愿意经过一次，所以由 A 出发，必然遍历其他各县一次，仅此一次。而最后到达 Z 县，没有铁路的地方当然不能通行。他应该怎样走才最省？（假设两县间铁路距离相等。）

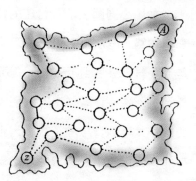

333 周游群岛

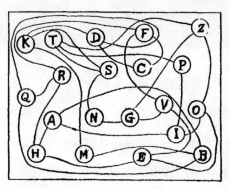

大洋中有一群岛，岛与岛之间交通非常便利。现在有岛屿若干个，分布于海洋中，如图中的 A，B，C，……，某商人居住在 A 岛，每年必周游各岛一次，每次周游从 A 岛出发，返回 A 岛前必然走遍各岛，且每岛只经过一次。但是 C 岛上的居民非常少，所以该商人每次周游时必然把 C 岛排在行程的后面，而且越后越好，以免影响他在其他岛上的贸易时间。至于各岛之间的航线，如图所示。求商人周游的顺序？

334 请判是非

如图小圆圈表示各村庄的位置，黑线表示道路，若从星形表示的那个村出发，走遍各村，最后到了 E 村。但要求每村只能经过一次，该怎样走？我因为此题限制的条件太苛刻，思考了很多天也没有找到办法，便对一个朋友说："这样苛刻的限制条件，恐怕没有办法可行。"朋友笑着

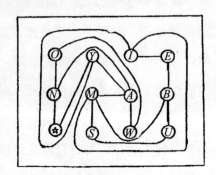

答道："一定有法可行。"我不信，又询问另一位朋友，他说："一定没有办法可行。"两个朋友所说的完全相反，我更感到不解，也不知他们谁对谁错，不得不请读者来作一个判断？

335 视察隧道

如图是一个矿洞，内有 31 条隧道。这个矿的经理想要进去视察，从图上 1 点进去，想按照隧道走遍整个洞。现在知道每条隧道的长度（如 1—2 或 1—6 等之

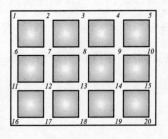

间的距离）是 10 米，如果走遍各条隧道，至少需要行走多少路程？读者不要以为矿内共有 31 条隧道，每条长 10 米，走遍一周的路程是 310 米。要知道走遍各条隧道，每条隧道仅走一次，事实上是不可能的。必须有几条要经过两次。虽有经过两次隧道的，但还是越少越好。

336 渡桥寻岛

　　某地有五座岛，有 15 座桥便于通行。某人从 *A* 岛出发经过所有的桥到达 *B* 岛。请问应该用什么样的方法，方可不遗漏一桥？要求每桥只能经过一次。

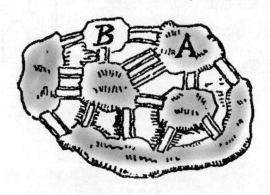

337 僧人归寺

　　某地四面环河，有一个僧人在环河的南面，想要回到寺院，而寺院在环河的北面。据调查，环河上有 5 座小桥，这个僧人必须每座桥经过一次，然后回到寺院。在中途，他忽然想到那些桥自言自语地说："经过这 5 座桥的方法应该有很多种，要么先经过其他桥后再经过此桥；要么先经过此桥再经过其他桥。"不知他所行进的方法究竟是怎样的？

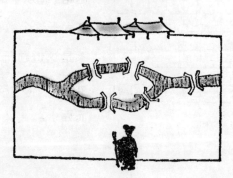

338 汽车旅行

如图的圆圈表示各个村庄，直线表示各村相通的途径。现在想让汽车从甲村开行，做一个回转的游戏，必须经过各村一次，到达终点后仍然回到甲村。请问需要多少次数？（若照原路回转一次，不能作一次计算）。

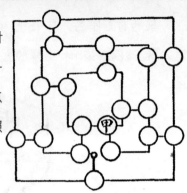

339 自行车旅行

某日，任、陈两友骑自行车去旅行，并商议好了村落及路线，如右图所表示的两人出发的起点是图中左上角甲处，根据统计有村落120座。他们现在想要到达某目的地，而这个目的地必须恰好含有1 365条不同的路（指从甲出发到达目的地），若大于这个数或小于这个数，就不是这道题所求的目的地。（行进的方向可东可西或时而东时而西）。

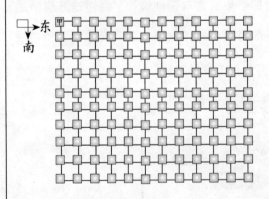

340 行车谜题

现有8名车夫，各驾驶自己的车从车站向目的地行进，8个车站的名称是：孝、弟、忠、信、礼、义、廉、耻，目的地的名称相同。现在想使各车夫所经过的路线，其他车不得越过。请问应该怎样选择道路，才能避免线路交叉的行为？（图中的虚线就是表示途径的）。

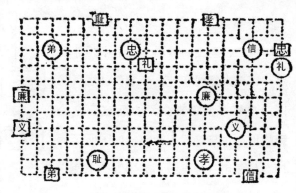

341 参观狗舍

有20间狗舍，其间没有道路可通行，仅用矮墙作为界限。右上角有一条猎犬，用等距离向前跳跃方式越过矮墙，到各个狗舍参观一次，最后到达左下角的狗舍。读者想一想，这条猎犬有多少路径可适合这个条件呢？图中所示线路只是其中的一种。

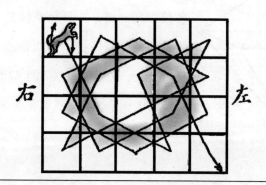

342 连结的游戏

有黄姓三兄弟，老大叫黄智，老二叫黄仁，老三叫黄勇。三个人相邻而居，每个人想要安装自来水管、煤气管以及电灯以便日常生活。而这三个公司的地点也与这三人相邻，如图所示。现在想要用三种导线（或导管）不使它们相交，请问怎样连结才合适？

343 八面体

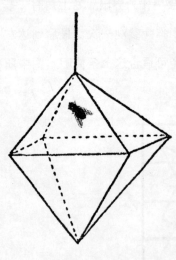

某大学教授偶然看见一只苍蝇爬在一个八面体的模型上，沿着八面体的 12 条棱上下左右爬行。教授看着苍蝇的爬行，暗暗地思索着，假如这只苍蝇从八面体的任意一顶点上爬起，各棱均爬一遍，并且每条棱上不能爬过 2 次。照这样爬能有多少不同的爬法？教授思考了数日，也没有得到准确的答案。聪明读者如有兴趣，可亲自试一下，看究竟有多少种爬行方法。

有一个二十面体的行星，如图1所示。这个行星只有各棱上是陆地，其余都是海洋。现在已知各棱棱长都相等，每条棱的长是10 000千米，有一个旅行者，想要从这个行星的北极（也就是正二十面体的顶点）点出发，走遍行星上所有的陆地，至少需要走多少路程？读者想要试一试此题，可用厚纸一张，切成如图2的形式，再依照虚线，用刀划出浅痕，使其不能折断，然后用皮纸连结各棱，则成为二十面体的模型，用它代表行星，试一试求出此题的答案。

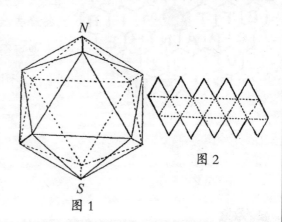

图1

图2

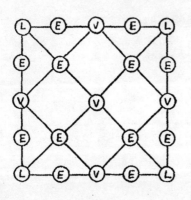

现在想用图中所有的字母拼成L、E、V、E、L一字，但必须连贯，字母不能隔一字或数个字拼字，并充许回环加以拼成（如从L起最后回到L，字的方向不受限制。请问拼法共有多少种？

346 蜂巢谜题

如图是一个蜂巢，各个蜂房上所有的字母是一句谚语的内容。您试着从某个字母起，用铅笔连贯成一句谚语，但必须经过各蜂房一次。此题不难，读者朋友稍加思索便可得到结果。（联结时必须与相邻的联结，不可隔一字母或数个字母而联结。）

347 HANNAH 之谜

甲某与他的妻子感情特别好，妻子的名字为 HANNAH。一天，妻子开玩笑地对甲某说，我现在把名字写在下面，你在这些字母中，试着拼我的名字"HANNAH"，请问共有多少种拼法？至于起始的 H 字母及方向，您可自由选择，并允许经过某个字母而到另一个字母，但必须是相邻的。

H H H H H H

H A A A A H

H A N N A H

H A N N A H

H A A A A H

H H H H H H

348 VOTERS 之谜

在图中您对于"RISE TO VOTE，SIR"一语，有多少种读法？起始之点以及方向均不限制。

```
              R
            R I R
          R I S I R
        R I S E S I R
      R I S E T E S I R
    R I S E T O T E S I R
  R I S E T O V O T E S I R
    R I S E T O T E S I R
      R I S E T E S I R
        R I S E S I R
          R I S I R
            R I R
              R
```

349 DEIFIED 之谜

在图中 DEIFIED 一句，请问共有多少种读法？并准确地按照原字母回环来读，起始的点以及方向均不受限制。

```
              D
            D E D
          D E I E D
        D E I F I E D
      D E I F I F I E D
    D E I F I E I F I E D
  D E I F I E D E I F I E D
    D E I F I E I F I E D
      D E I F I F I E D
        D E I F I E D
          D E I E D
            D E D
              D
```

把 DIAMOND 这些字写在图中。

请问有多少种读法？从什么地方起始都可以，但第一个字母必须是 D，至于向上向下向左向右各种方向，读者自便。

```
              D
            D N D
          D N O N D
        D N O M O N D
      D N O M A M O N D
    D N O M A I A M O N D
  D N O M A I D I A M O N D
    D N O M A I A M O N D
      D N O M A M O N D
        D N O M O N D
          D N O N D
            D N D
              D
```

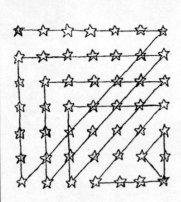

如图所示有 49 个星点，若从一个黑星点开始，经过各个黑星点到另一个黑星点为止，途中经过的道路是 15 条直线，所有直线或平行于图中方格的一边，或平行于图中方格的对角线，转弯处必须在星点上。读者去根据这个条件再发现一条途径，其经过的道路仅为 12 条直线吗？

352 溜冰游戏

一个溜冰场中用 64 个星点作为标识，如图所示。一个溜冰的人，从一点出发，溜过各星标，行进直线 14 条，然后回到原来的位置。读者能知道这个溜冰的人的溜法吗？但一个星标上最多只得溜过两次。

353 帆船航路

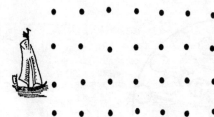

一条帆船从某点起航，沿任何方向行进，途中共转舵 14 次，最终停靠在出发的起点上，并且插上浮标旗视为途中第 7 次转舵的地方。读者能用铅笔标明这条帆船的航路吗？（图中各点都是浮标，这条船航行时必须完全碰触）。

354 星点游戏

　　把笔尖放在右图中白星点上，笔不能提起，共画直线14条，经过各个星点，最后停在另一个白点上。所画直线，无论什么方向，转笔处必须在星点上。读者试一试？

355 擒贼游戏

　　这个游戏适合于两人玩，一人扮作贼人住在 R 镇，一人扮作剿贼的将军驻守在 G 镇，将军依照路线前进到邻镇，而贼人也按照路线移动到最近的一个镇子。这样移动，待将军与贼人相遇在一个镇子，则贼人被将军所捕获。读者有时间不妨试一试，方知道它的趣味无穷！

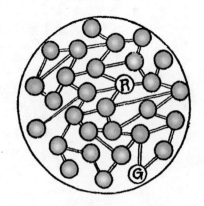

356 巡行道路

有一块方形田地，共64格。黑的属于甲某，白的属于乙某。现在乙从一个角起巡行到自己的田地内，限每白格内可通行两次，而白格与白格相同的一点仅可通行一次，并且所走的足迹必须是最短的路线。请问乙某巡行的路线是怎样的？但起始点不必是最终的点。

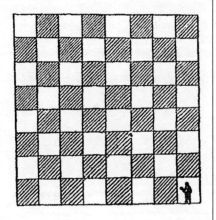

357 人狮互换

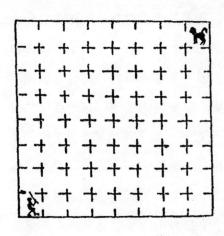

罗马某地有一所监狱，建筑如图所示。监狱内分64间牢房，互相连通。现在有1个人和1头狮子，其所在位置如图。狮子不怕人，人也不怕狮子，都各自视对方为敌人欲找到消灭对方。人和狮子以同等的速度和最短的直路搜遍每一间牢房，各牢房均只经过一次，并且彼此在途中不相遇。最后，人到达狮子最初的位置，狮子也可到达人的最初位置。读者想一想，你也能标出人狮互换的途径吗？

法国有一所监狱，共有64间牢房，都连贯可通。有一人被罚囚在狱中，时间一长，极为寂寞，于是从所住的屋子信步前行，想要不重复地经过所有的屋子后到达原位置。行进的过程中竟然可以通过55条直路，如图所示。假若不限制其终点，而仍然想不重复地经过每间牢房。其通过的直线必须超过55条，读者能知道他是怎么走的吗？

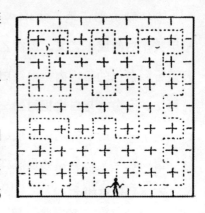

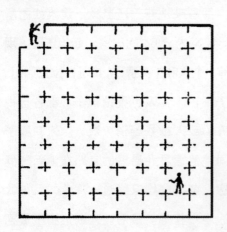

从前有个暴君把一个无辜的少女囚禁在监狱内。有一个勇士想要去救她，但不了解监狱内的路径，便询问狱吏。狱吏告诉他说，这个监狱共有63个屋子，屋子与屋子互通。你的足迹需完全通过63个屋子，每个屋子仅通过一次，共有22条直线，然后可到达少女所住的屋子，这个勇士如果按照这条路径去救她，肯定是没有危险的。读者知道这条路径是怎样走的吗？狱内屋子的位置以及勇士和少女的位置如图所示。

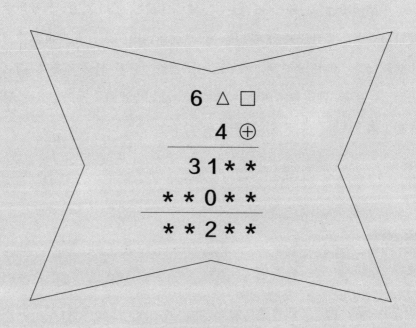

$$
\begin{array}{r}
6\,\triangle\,\square \\
4\,\oplus \\
\hline
3\,1\,*\,* \\
\,\,0\,*\,* \\
\hline
\,\,2\,*\,*
\end{array}
$$

第十二章
算术代数杂题

360 快速运算

甲某精于计算，曾在35分钟内，求得两位数的31次方，其数位共35位，展示给众人。并且说若反求其根，即使敏捷如他的人，至少也得花一天时间才能算出来。他还没说完，乙某应声回答说："其31次方根为13。"甲某听后面红耳赤，连连称赞他说："您的脑力犹如电火呀！不然怎么会这样快？"大家也精于计算，能知道乙某的方法吗？

361 夫妻配对

甲、乙、丙、丁四男携其妻子、丑、寅、卯到市场购物，8人共带40元。子用1元，丑用2元，寅用3元，卯用4元，甲所用的钱与其妻相等，乙则是其妻的2倍，丙是其妻的3倍，丁是其妻的4倍。购物完毕，回来后将所剩余的钱平均分了，没有剩余。读者试着猜一猜，此8人中谁与谁是夫妻？

362 教师速算

一老师对学生们说："你们试着各写一数，用它成为被乘数。甲学生说："已经写出来了。"乙学生说："我也写出来了。"老师说："好的，大家试着任选一数作乘数，试着各乘自己之前所写的数。"丙学生说："以9713作乘数行吗？"老师说："可以。"学生们说："已经乘完了。"老师说："试着再用286乘你们所写的数。"学生们说："已经乘得了。"老师说："用所得两积相加。"学生们说："已经相加完毕。"老师说："大家按顺序告诉我最初的数,我会及时告诉你加得的和。"甲学生说："3 456。"老师说:你的和是"34 556 544。"乙学生说："6 789。"老师说："67 883 211。"甲乙学生异口同声说："是这样的,老师说的没错。"老师用的什么方法你知道吗?

363 母女相配

　　甲、乙、丙、丁、戊五个妇人各带着自己的女儿子、丑、寅、卯、辰到商场买布,每个妇人比其女儿多用 405 元。而各人所买布的米数等于每米所值的钱数,买完一合计,知道甲妇人较乙妇人多用 288 元,丙妇人所用是乙妇人的 4 倍,丁妇人所用是最多的,戊妇人较女儿多买 21 米,丑女较寅女多买 16 米,丑女又较卯女多用 2 912 元,根据以上所说,请读者试着将十人分别配成母女?

364 识别妻子

　　甲、乙、丙三个屠户,分别携其妻丁、戊、己到市场买猪,其买法特别奇妙。各人所买的猪数等于其所买每猪的钱数,而每个屠户较其妻多用 63 元。买完后,总计各人所买的数,甲较戊多买 23 头,乙较丁多买 11 头。读者能由此猜出三屠户的妻子是谁吗?

365 比例一题

混合比例问题，可用不定方程式解之，其答案或仅一组，或不止一组，这是数学中常有的问题。用一道题而有答案多达三千以上的实在不多见。现在有一题，读者能够用其完全的答数说给我吗？

题中说：现有 96 元，购物 160 枚，其价格：甲 3 角，乙 5 角，丙 7 角，丁 9 角。请问所购物品各是多少？此题共有 3 121 答案。

366 买蛋趣题

鸡蛋每个 0.5 元，鸭蛋 0.7 元，鹅蛋 0.8 元。请问有 8 元钱，要买 12 个蛋，三种蛋各是多少？

367 挖坑求深

有一天我在公园里散步，看见一个工人正在挖坑，我便问他说："此坑要挖多深？"工人回答说："我不愿意直接告诉您，想请您猜一猜。我身高五尺，此时坑的深度不及我的身长，我将继续挖，所挖的深度，想两倍于现在坑的深度，现在我的头露在地面上，如果将此坑挖成，毫无疑问我的头将低于地面，而那时我的头顶与地面的距离，将两倍于现在我的头顶与地面的距离。请你算一算，坑挖好后到底有多深？

注：尺为非国际单位，3 尺 =1 米。

368 借瓶算径

屋角放着一张圆桌，桌边与两墙面接触，如图所示 A、B，两部分与墙面接触，C 是两墙面的交线，不与桌接触，D 是桌上的一个瓶子，此瓶子与两墙的距离：一个是 9 寸，一个是 8 寸，读者能求出此桌子的直径吗？

注：寸为非国际单位，10 寸 =1 尺。

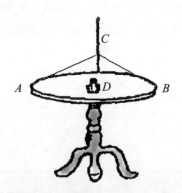

369 垒炮弹

某部队打了一场胜仗缴获胜大量炮弹。部队长官命令他的士兵将炮弹垒成正四棱锥体，并说如果哪位士兵用所垒正四棱锥体的炮弹，平铺成一个正方形，他将获得奖励。读者朋友思考一下，士兵想要获得奖励，那么垒正四角棱锥体的炮弹应当用多少枚垒成？

370 点兵妙算

某军官想点一队士兵前往一地，前提是此队的士兵数，可以排成两个正方形的方阵，而且其排法必须有 12 种。请问该军官至少点兵多少名？

371 卖砖趣题

有个卖砖的人，他的每块砖长、宽、高都相等，而且他的砖都叠成正方体的堆。一天有位买主来了，讲明愿意买三堆，前提是三堆的一边须顺次多一块，而三堆之和又可铺平成一个正方形。请问卖砖的人此时至少给买主多少块？

372 兄弟搬桃

有两兄弟经常在水果店里帮父母干活，有天搬桃子搬累了，他俩站在桃篮两侧休息。这时哥哥忽然想到一个好玩的游戏，便对弟弟说："我将以此桃篮作为游戏，我先取桃子若干个这个空篮子中，你然后也任意取数个或数十个桃子放到篮子中，最后我再拿若干个放到篮子中，若此时篮子中所有的桃子，你能均分为两份以上，那么就算你赢了，否则你就输了。"读者想一想，哥哥第一次及最后一次放入篮中的桃子是多少才可保持常胜。

373 三只箱子

现在有 3 只装有银币的箱子，每箱中所装的银币数量均不同。但知道最上一箱的银币数与中间一箱所藏的银币数之差等于中间一箱与最下面一箱所藏的银币数之差。又如将上、中两箱或中、下两箱的银币数相加，均能得一个完全平方数。请问各箱中所藏银币的枚数？要求取最小的枚数。

374 两个立方体

有两个立方体，如图中的 A、B，A 的体积大于 B 的体积。现在想要 A 的体积与 B 的体积之和（立方尺的数），等于 A、B 两立方体的高之和（每边的长度以尺为单位），请问 A、B 的高各是多少？

375 方形军阵

有军人若干，排成 62 个方阵，每方阵的人数都相等。现在统军的主帅加入军中，则能使 62 个的小方阵，变成一个大方阵，请问大小方阵的每边人数各是多少？

注：方阵是指用军人布满方形内，并不是说只围成的方形。

376 三块方板

有甲、乙、丙 3 块方板，甲板的面积大于乙板面积 5 平方英尺，乙板面积又大于丙板面积 5 平方英尺，三板的面积成等差级数，请问这三块板每边的长各多少？

注：英尺、英寸为非国际单位，1 英尺 =12 英寸 ≈ 0.348 米。

377 简单除法

现在想要用某数（要求是除数中最大的数）除下列四数：

$$701，1\ 059，1\ 417，2\ 312$$

均得相同的余数。如果用不同的数——试除，这个工作量就太繁琐费时了。读者能否找一个简便的方法，求去所求的除数。

篱笆趣题

有方田一块，不知多少公顷，田的四周围上了竹篱笆，篱笆的各组具有平行的横栏七根，如图所示，每条的长等于5米，现在已知田的公顷数等于四周竹篱栏杆的总数。请问此田的面积是多少公顷？

遗产趣题

某富商的遗孀生了一对龙凤胎。数月前，富商未死时，曾有遗嘱说：如生一男孩，把产业的$\frac{2}{3}$给其子，所剩的$\frac{1}{3}$给其妻子作为养老金；如若生女孩，则其妻子应得$\frac{2}{3}$的财产，其余的$\frac{1}{3}$作为女孩日后的嫁妆。谁知妻子生了一对龙凤双胞胎，这不是富翁所能预料的。请问怎样分配遗产才能体现公平，而又与死者的遗嘱相吻合？

380 三子分田

　　某农夫辛苦一世，则好攒积 100 亩田地，临终前立下遗嘱将大部分田地分给他的三个儿子，三子依长幼顺序所得的比例分别是 $\frac{1}{3}$、$\frac{1}{4}$ 和 $\frac{1}{5}$。没想到，几天后其第三个儿子意外身亡，所以分给他的田产只能由长子和次子依照原有的比分配。请问其余两个儿子所得的遗产的比例是多少？

　　注：亩为非国际面积单位，1 亩 ≈ 666.67 平方米

381 割 麦

　　某农夫有正方形的麦田一块，麦子成熟时，农夫雇两个童子分割（两人所割的面积须相等），一童子预先绕田的四周割去了一丈宽的面积，如图中 B 的部分，中央所剩的部分如图中 A 部，由另一童割，其面积与 B 相等。请问此田的面积是多少平方丈？

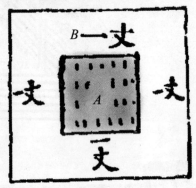

　　注：丈是非国际面积单位，1 丈 =10 尺 ≈ 3.333 米

382 百人分饼

　　现有饼百个，分给百人，男子每人 3 个，女子每人 2 个，童子每两人得 1 个。请问百人中男子、女子、童子各多少人？

平分母牛

这是一道古老的题，也是一道有趣的题。

某个人有一群母牛，想要分给自己的儿子们。大儿子分到 1 头牛和剩余的 $\frac{1}{7}$；二儿子分到 2 头牛和剩余的 $\frac{1}{7}$；三儿子分到 3 头牛和剩余的 $\frac{1}{7}$，以此类推，直到把所有的牛分给所有的儿子。最后，所有的儿子分到的母牛的数量相同。

请问：这个人有多少个儿子？母牛又是多少呢？

分苹果

现在有 9 个苹果，要把它们平均分给 12 个学生，每一个苹果最多能被切成 4 份。这个问题看起来有点难，其实只要熟悉分数，就可以轻松地解决这个问题。

我们来看另一个类似的问题：把 7 个苹果平均分给 12 个同学，每个苹果最多切成 4 块。

385 如何分才公平

有两个人在煮粥，其中一个人放了 300 克米，另一个人放了 200 克米。当他们把粥熬好正准备吃的时候，一个行人过来了。于是，他们三个人一起吃粥。行人离开的时候，给了他们 50 戈比，用来当作粥钱。请问：为了力求公平，这两个人要如何分这笔钱呢？

386 男女成群

有男生 8 人和女生 6 人，想要选取男生 2 人、女生 2 人为一群，请问这其中有几种选法？

387 会议受阻

议院开会因为两方议员意见不合，会场秩序大乱。因一部分的议员退出会场，议长无法正常主持会议，他也想退出。他心里数了一下："若我退出会场，则退场的议员数将占全体的 $\frac{2}{3}$；若我能劝阻两人不要退场，则退场的议员仅占全数 $\frac{1}{2}$。"请问开会时共有议员多少人？

388 议会选举

从 23 人中选出议员 9 人，每票填写 9 人，8 人，7 人，6 人，5 人，4 人，3 人，2 人，1 人，共有九种填写法。请问其选举的方法共有几种？

389 捉 贼

某警察追捕一贼，已知贼在警察前 27 步，又知道警察行 2 步的距离等于贼行 5 步的距离。请问警察行多少步才能抓到此贼？

390 三十三粒珍珠

有一串珠子 33 粒，其中 C 珠的价值最贵，A 珠与 C 珠间各珠的价值成等差级数，其公差是 100 元，B 珠与 C 珠间个珠的价值也成等差级数，其公差是 150 元。现在已知珠子的总价是 65 000 元，请问 C 珠的价值是多少？

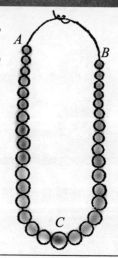

391 烛代电灯

某天晚上，因电灯公司因员工的失职导致断电事故。我于是点上蜡烛两支以代替电灯。两支蜡烛长度相等，粗细不同，预知一支蜡烛可燃 4 个小时，一支蜡烛可燃 5 个小时。也不知蜡烛燃了多长时间，电灯又亮了。我于是将蜡烛熄灭，这时一支蜡烛所剩的长度是另一支蜡烛的长度的 4 倍。请问这两支蜡烛燃了多长时间？

392 礼貌遗风

某小学校规定每天早晨早会一次，参加早会的男生人数两倍于女生人数，每一个男生须向其他男生、女生以及老师各行一个鞠躬礼，每一女生也要对其余女生、男生以及老师也各行一个鞠躬礼。每天计算共行有 900 个鞠躬礼，但只有一位老师，老师的答礼除外。请问小学校内共有多少学生？

393 牛顿趣题

牛顿有一趣题，说 3 头牛在 2 周中吃尽了 2 亩的草以及 2 周中所生的草，2 头牛在 4 周中吃尽 2 亩的草以及 4 周中所生的草，请问有多少头牛在 6 周中吃尽 6 亩的草以及六周中所生的草？假设未吃时每亩的草其高相等，吃后草的生长率也相等。

连环信

某教士喜欢劝人为善，常对他的徒弟说，若我将上帝格言 10 条抄录在 3 张纸上，分别装在 3 个信封中，命为第 1 号，寄到 3 位朋友那里，3 位朋友收到信后，每人各抄录 3 张纸，也各装成 3 封信，命为第 2 号，各自寄到 3 位朋友那里。收信者又照样抄录寄给 3 友，命为第 3 号。如此递次抄录寄送，其号码也递次增加，假设劝人者都能行善，而收信者又各不雷同，则信的号码增加 50 时，世界将不会有恶人了。请问此时有多少人收到信。

乘法补数

设有乘法算式，其中数字有已经磨灭的，试为补之。

$$
\begin{array}{r}
6\ \triangle\ \square \\
4\ \oplus \\
\hline
3\ 1\ *\ * \\
*\ *\ 0\ *\ * \\
\hline
*\ *\ 2\ *\ * \\
\end{array}
$$

除法补数

下列除算中数字有脱落的，把它补出来

$$
\begin{array}{r}
1\,d\,e \\
215\,\overline{\smash{\big)}\,E\,7\,b\,9\,c} \\
\underline{f\,g\,h} \\
i\,5\,j\,9 \\
\underline{k\,5\,0\,5} \\
m\,4\,n \\
\underline{p\,q\,r} \\
0
\end{array}
$$

爱 情

甲对乙说：请您先画一个圈，在它的前面加2个25，在它的后面加5，再加8的 $\frac{1}{5}$ ，则所指的是什么事，你知道吗？

第九章　几何趣题

202. 巧成十字

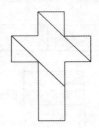

203. 十字趣题

204. 一剪变形

先将如图 1 中的十字形，按照虚线折成图 2 的形状。

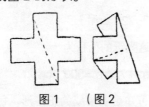

图 1　　（图 2

再将图 2 按照虚线折叠成图 3。最后以图 3 所示的形状顺虚线裁剪，就形

成四块，合成正方形，如图 4 所示。

图 3　　　　　图 4

205. 巧合成方 (1)

甲、乙是大正方形，丙是小正方形。

甲　　　　　乙　　　　　丙

206. 组合新旗

在大旧旗中的十字形红布，须按照下面的方法分，才能裁得最少的块数，合成两个大小相等的十字。

207. 巧合成方 (2)

设正五边形为 ABCDE，如图所示，在 AC 上取点 F，使 AF = FC，再从 AB 上取点 M，使 AM=AF；然后从点 A 至点 C 切开，从点 M 至点 F 再切开，如此可凑成四边形 GHDC，再求出 HD 及四边形 GHDC 的高的比例中项，假设等于 CK，从点 G 作 GL ⊥ CK，交 HD 于点 L；然后将 1、2、3、4、5、6 各块按上图排列，就得到一个正方形。

有人能切成五块凑成正方形，又有人说正方形的每边等于同积正五边形每边边长的 $1\frac{1}{4}$ 倍，但经学者试验，前者虚构，后者不精确，都不是适当的方法。

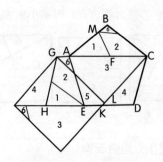

208. 巧合成方 (3)

如图表示剪成四块凑合的方法，第一步要先知道正方形每边的长，也就是矩形两边的比例中项；然后按照上面所说的方法剪开，不难凑成一个正方形，但矩形两边长短的比，与块数有关，经学者研究，知道一边的长，

大于其他边的 n^2 倍，而小于其他边的 $(n+1)^2$ 倍时，就能剪成 n+2 块，而剪下的矩形为 n−1 个，可以再举一个例子证明。

设矩形两边的比为 24:1，那么长边大于 16，而小于 25，由此可知 n=4，块数是 6，剪下的矩形为 3 个，读者不信，可以作图实验一下。

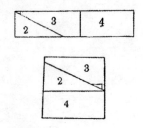

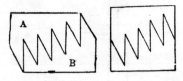

209. 巧合成方 (4)

设每边以厘米为单位，那么原有矩形的面积为

36×27=972（cm²），

而已缺两角所占的面积为

6×12=72（cm²）；

所以这张纸的面积为

972cm²−72cm²=900（cm²），

由此可知想要凑成的正方形，每边的长 = $\sqrt{900}$ =30（cm），而这张纸水平的两边各为 30cm，所以可以用上面

的剪法，将原形分为 A，B 2 张，像犬牙交错，通过平移使 A、B 的齿状错位啮合，成为一个正方形。这张纸如果剪成 3 张，或 4 张，都能凑成，但只有本图是最巧妙的方法。

210. 巧合成方 (5)

一个是正方形，一个是等腰直角三角形，将这两个模板分为五块，就能凑成一个较大的正方形。

设正方形为 $ACLF$，等腰直角三角形为 CED，取 $AB=\frac{1}{2}CD$，将三角形 CED 放在四边形 $ACLF$ 的右上方，如图所示，然后切开 BE 及 BF，那么分原有的两快木板为 5 块。如图所示拼合，即得到一个较大的正方形，由此可知两个不同大小的正方形，只需将一个正方形按照对角线切开，就可如上面的方法凑成一个较大的正方形；又如直角等腰三角形的面积，大于正方形，就需要切成六块；如果面积相同，只需切成 3 块，也就是按照正方形的对角线切开。

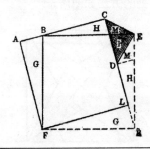

211. 巧合成方 (6)

按照题中的图形，最少时可切成 3 块，合成一个正方形，切法如下图：

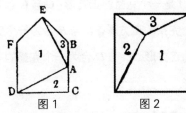

图 1　　　　图 2

图 1 中 A 点为 BC 的中点，切后，合成图 2。

212. 巧合成方 (7)

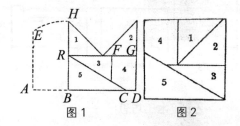

图 1　　　　图 2

谜题中的图按照图 1 的形状切分开。

$AB=\frac{1}{2}BD$，$AE \parallel BH$，且 $BE=BH$，$BC=AE$，$RG \parallel BC$，$FG=BC-AB$，由此分得的五块，可凑成如图 2 的正方形。

213. 巧合成方 (8)

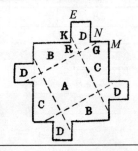

图中点 G 为 MN 的中点，K 点是 ER 的中点，其余对称点可类推，结果连线得出如图所分出的形状，共得九块。

A 是一个完整的正方形，C 与 C 合为一个完整的正方形，B 与 B 合为一个完整的正方形，D 与 D 合为一个完整的正方形。

214. 巧分方纸

将原图按照丙图所示的折线分开，成为两块，合之就成为甲图或乙图。

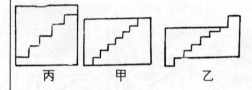

215. 木工巧思

乙先在这个地板上，用笔将长分为三等分，再将宽分为两等分，之后沿 AB，BC，CD 锯为两块，合在一起成为长 2 尺宽 18 寸的板。

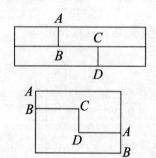

216. 巧分农田

分法如图所示：

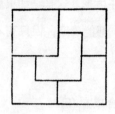

217. 巧合方成 (9)

这道题的分割凑合很容易，如图，读者一看就明白了。

218. 巧合成方 (10)

排列的方法如图所示：

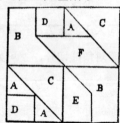

219. 巧合成方 (11)

排列的方法如图所示：

220. 巧合成方 (12)

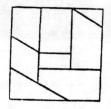

221. 巧分六角星形

从星形的任意个顶点 *A*，作 *AG* 等于正方形的一边（也就是题中所说的比例中项），从点 *C* 引 *CH* ⊥ *AG*，且 *CH* 与 *AG* 相等。（因为按照三角形相似的定理，可知 △*ADG* ∽ △*ACH*，由此可知 *AG* • *CH*=*AC* • *AD*。∵ $AG=\sqrt{AC \cdot AD}$ ∴ *AG*=*CH*）按照甲图切为五块，拼合到一块，就成为图乙的形状。

图甲

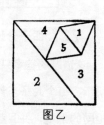

图乙

222. 巧成八角

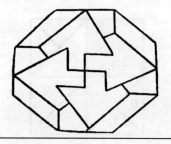

223. 巧成六角

排列方法如图所示：

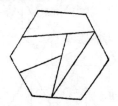

224. 巧分梯形

题中的图形，分割方法简单，看图就明白了。

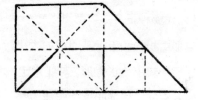

225. 巧分三角形

如图 A 为原有的正三角形，假设每边长为 5 寸，将两边分为 3 与 2 的比，作一条平行于底边的直线，那么 1 仍为正三角形，每边长 3 寸；然后从 1 的底边两端，作垂线，得 2，3 两个直角三角形，再将中央的矩形，按对角线分开，又得两个直角三角形，这四个直角三角形各边之比，看下图可知；如果想拼成两个正三角形，可将 2，3，4，5 如 B 图的方式拼合，得一正三角形；另一个三角形是 1。如果想拼成三个正三角形，那么就将 B 图分为 C，D 两个图（都是正三角形）就行了。

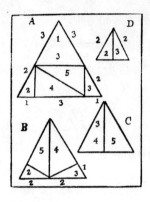

226. 巧分方板

无论哪种正方形，都可以较小两个正方形面积的和表示其面积的大小，而且这两个较小的正方形，可任意定，本题的答案就足以证明这个定律。

假设令这个镶板的每边为 $13n$（这个 n 的值，当然为 $\frac{5}{13}$ m，稍后再论），面积为 $169n^2$，而 169 是 144 与 25 的和，由此可知能将这块板分为两个正方形，一个每边长 $12n$，另外一个每边为 $5n$，如图的黑线，即表示分割的方法，每边长为 $5n$ 的，是一整快，另一个正方形则是由三块拼合而成，也就是 A 为一个整的正方形，B，C，D 三块拼成另一个正方形。

既然 n 等于 $\frac{5}{13}$ m，那么较大正方形的面积，一定等于 $\frac{60}{13} \times \frac{60}{13}$ m²；另外一个正方形的面积一定等于 $\frac{25}{13} \times \frac{25}{13}$ m²。两

个正方形的面积之和，仍等于 25m²，且如果有这 16 个铁钉，可完全避开，没有伤到锯齿的隐患。

下面是一个通用公式，可以用来求两个正方形面积之和等于一个已知正方形面积 (a^2)，以本题为例，

设：$P=3$，$q=2$，$a=5$。

$\because \dfrac{2pqa}{p^2+q^2}=x$；$\therefore x=\dfrac{60}{13}$。

$\therefore \dfrac{\sqrt{a^2 \times (p^2+q^2)^2-(2pqa)^2}}{p^2+q^2}=y$ $\therefore y=\dfrac{25}{13}$

又 $\because a^2=25$，即 $x^2+y^2=a^2$。

227. 四子分地

这道题的答案只有一种，也就是如图所示，每个儿子当然可以得到形状大小相同的土地，并且都能到这个口井里提水，而不需要经过别人的土地。因此井在田地的中间。

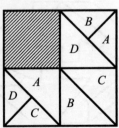

228. 六童剪布

六个儿童所剪布的形状应当如下图:

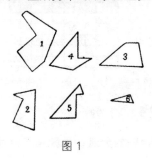

图1

拼成十字形如图2:

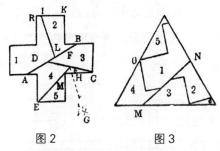

图2　　　　　图3

拼成正三角形如图3: 至于求得这六块的方法, 可以假想原布为十字形, 然后按照图2的分割线分开。

由勾股弦定理, 可求得等积正三角形的边长(参见看下面附注的详细说明); 如图2连接中点AB, 以点C为圆心, 以等积正三角形边长的一半为半径, 画一圆弧, 交AB于点D; 再以点E为圆心, 以同样的半径, 画一圆弧交CD于点F, 连接EF; 再以E、F两点为圆心, 以EF为半径, 各画一圆弧, 交于点G, 连接FG, 交MC于点H, 然后以点K为圆心, 以HC为半径, 交KR于

点I, 再以点B为圆心, 以AD为半径, 画圆弧交AB于点L, 连接IL, 所得的线一定平行于FG, 这样所引的7条线, 将原图形分为6块。也就是六个儿童所剪的布。

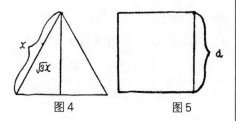

图4　　　　　图5

附注: 已知正方形的面积, 求等积正三角形每边的长, 方法如下:

设正方形边长为a, 正三角形边长为x。

因为正三角形的高为

$$\sqrt{x^2 - \frac{x^2}{4}} = \frac{\sqrt{3}}{2}x,$$

$$\therefore a^2 = \frac{x}{2}x \times \frac{\sqrt{3}}{2}x。$$

设$\frac{x}{2} = y$, 那么$a^2 = \sqrt{3}\, y \cdot y$。

所以, a为$\sqrt{3}\, y$及y的比例中项, 以下图6的圆中a为已知线, 想要求y的长, 就很容易。先任意画一条线段

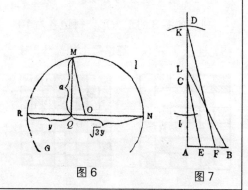

图6　　　　　图7

AB，由点 A 立一垂直线 AG，再以点 B 为圆心，以 $2AB$ 为半径画弧，交 AG 于点 L；以点 L 为圆心，以 AB 为半径，画弧，交 AG 于点 K 和点 I；以点 A 为圆心，以 AI 为半径，画弧，交 AB 于点 F；连接 KF，即有 AFK 成一三角形。

AK 上取 $AC=a$，由点 C 引 $CE \parallel KF$，那么 $AE=OQ$，而 $CE=OM$；$y=OR-OQ=CE-AE$。

229. 方格趣题

沿黑线分割，所得的四块，合在一起刚好是一正方形。

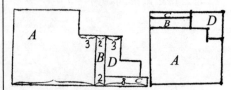

230. 巧缝地毯

这道题只有一种分法：

（1）图 1 分为 2 块，

（2）图 2 也分为 2 块。

拼成如图 3 的正方形，每边各为 10 格，且 B、C 两块，都是最小的部分，其

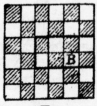

图 1

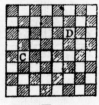

图 2

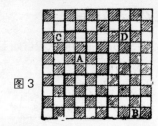

图 3

余也都符合题意。所以是正确的答案。

231. 缀缎妙法

这道题的分法，也就是将原有较大的正方形补缀的绸缎，按照针缝分为 3 块与较小的正方形拼合，成为 1 块大正方形，如图所示，拼合成后每边为 13 格，因此符合题意的要求。

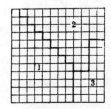

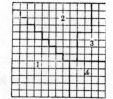

232. 巧缝花缎

这道题只有一种分法能符合所设的条件，图 1 就是所拼的椅垫，2、3 两图表

图 1

图 2

图 3

示原有两个正方形的分法，由图可知 A、C 两块，各有 20 格，且拼成后花纹的排列与前面的相同，所以是正确的答案。

图 4 由原有的小正方形及原有的大正方形，分为 3 块，拼合而成，但 F 调转 180° （图 5 中所示），与原假设的条件不合，故不能作为本题的答案，所以这道题的分法只有 1 种答案。

图 4　　　　　图 5

233. 补裈

本题只有一种分法，如下图所示，是 11 块小正方形，这是最少的块数，每块的比例不能稍有变更，最大的 3 块，位置不能移动，其余 8 小快还可以调转方向，但布置的方法，仍然与上图相同。

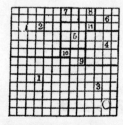

234. 丝裈

这道题的第一步，要先将大正方形

所有的格数分为 6 个正方形，而各正方形的格数不同。

例如：

$$14 \times 14 = 196 = 1 + 4 + 25 + 36 + 49 + 81$$

或 $196 = 1 + 4 + 9 + 25 + 36 + 121$

或 $196 = 1 + 9 + 16 + 25 + 64 + 81$。

然后用心思考，将各小正方形拼成一个大正方形，只有一小正方形分为 3 块，其他的按原样不动，如图 1、图 2 两图，即表示上面三例中前两例的拼法，图 1 的 A 与图 2 的 B 分别由同一个正方形所分，读者到现在应该明白了，第三例自然不难解出。

 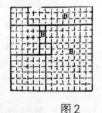

图 1　　　　　图 2

235. 狮旗

将原有的正方形的旗子，分为 25 个相等的小正方形，然后如图的剪法，剪为 A，A，B，B 4 块，A 与 A 相拼，B 与 B 相拼，得到不相等的两面正方形旗子，且各有一个狮子，并没有分裂开。

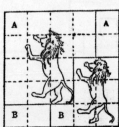

236. 锦垫难题

如图 A, A, B, B 共 4 块，A, A, B, B 各相拼，则得 2 个正方形，且花样的配置，与之前没什么不同。

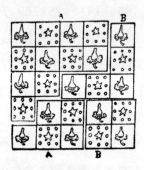

237. 巧分蜀锦

按照图中的虚线分：

238. 姐妹绣锦

妹妹所绣的锦，形状如下，也就是只绣中央 1 格，其余按照图中的粗线分割，可拼成十字形。

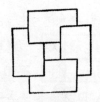

239. 圆内作圆

3 个圆的位置如图所示：

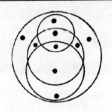

240. 分饼趣题

这道题的分法，不拘泥于曲线直线，如图折线 $SABCDET$ 把圆饼分为两块，点 C 为圆心，$CB=CD$，$AB=DE$，……。两边的形状面积，各各相同，且并没有切到芝麻，所以是正确的答案。

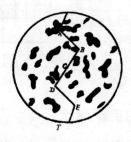

241. 巧隔猫

这道题的画法如图所示，10 只猫并不越过圆圈，并且互不往来。

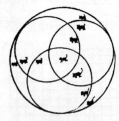

242. 巧分大饼

这道题能分得 22 块，切法如图所示。最值得注意的地方是，不能有 3 条直线交于一点，除了这个方法之外，还有其他的方法，但这么多的块数，在本题方法中还是首屈一指的切的块数。最后，设 $n=$ 刀切的数，则最多块数 $=\dfrac{n(n+1)}{2}+1$，这是其通用公式。

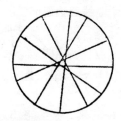

243. 四童分饼

先将大饼一分为二，然后将最小的饼放在中等大的饼上，沿小饼的边切，到小饼的中点时切断，得到一个半月形，这个半月形与小饼合为一份，其余的中饼为一份，大饼的两半各位一份，这样是共4份，给4个儿童，可符合题中的条件。

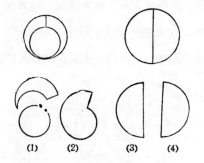

 (1) (2) (3) (4)

244. 筑墙妙题

这道题的分法如图所示，直线数是4，这是最少的直线，少于4条直线，怎么都不能达到目标。

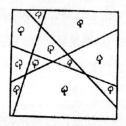

245. 巧隔猪圈

这道题的隔法如下图所示，因为3条直线只能把正方形分为7块，刚好有七头猪，先观察猪的位置，然后用木板隔开，就不难让每头猪各占1个区域了。

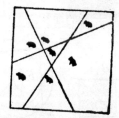

246. 巧分太极

已知圆面积的比等于直径自乘方的比，如果一个圆的直径是2寸，另一个圆的直径是4寸，那么后面一个圆的面积一定是第一个圆的四倍。因为4乘以4是2乘以2的4倍。由图1可知两个同等的正方形，切成4快，能凑成一个较大的正方形，且这个正方形的面积，等于对角线的长的平方的一半。于是可知，图2中，CD 的平方等于 CE 的平方的2倍，也就是大圆的面积等于小圆面积的2倍。也就是外环与小圆的面积是相等的，这就是第一题的答案。

第二题的答案很明显，看图3就知道了。

第三题的切法，也就是切开 CD，但是否 F 等于小圆的四分之一，应该用图4证明，证明如下：

图4中的圆 K 的面积等于小圆面积的四分之一，这个道理很简单，因为圆 K 的直径等于小圆直径的一半，由图3知 L 也等于小圆的四分之一，由此可知 G 的面积等于 H 的面积。

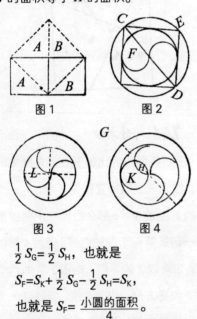

图1　　　图2

图3　　　图4

$\frac{1}{2}S_G = \frac{1}{2}S_H$，也就是

$S_F = S_K + \frac{1}{2}S_G - \frac{1}{2}S_H = S_K$，

也就是 $S_F = \dfrac{\text{小圆的面积}}{4}$。

247. 巧合成圆

如图1、2，是原有的马蹄铁，把圆

1分为 A、B 两块，图2为 C、D 两块，拼合在一起正好是一个圆，如图3；而 A、B 的拼合与 C、D 的拼合，正好就像太极图的阴阳两面，形状大小都一样，至于 B、D 的不同，不过是 D 比 B 多加了一个曲线四边形而已。

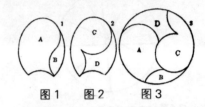

图1　　图2　　图3

248. 圆桌妙题

这道题的锯法如图所示，其中5、6、7、8各边的弧度，与圆桌的弧度相同，拼合1、2两块，以及3、4、5、6、7、8六块，成两个一样的椭圆形凳面。中央的孔比原来锯法的孔稍长、稍窄，面积当然也就更小，但如上面的锯法，只需分为六块就可拼成（5、6为一块，7、8为一块）。这个方法可分为8块，因为想要保持与原法的块数相同。

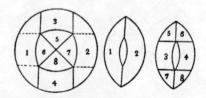

249. 巧剪星形

将圆形纸先折成半圆形，然后将半圆形分为五等份，如图1；

再按照所分的线折叠，如图 2；

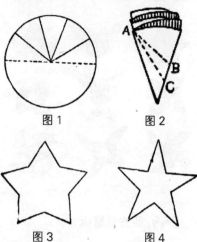

图 1　　　　图 2

图 3　　　　图 4

想要得到圆 3 的五角星形，那么就按照 AB 的方向剪，如果想要得到图 4 的五角星形，那么就按照 AC 的方向剪，总之∠A 越小，那么所成的五角星形的角就越尖，伸出的角也就越长，反之则角越短，至于折叠一半后，再折叠为五层，一剪而得到五角星形的道理，不言而喻了。

251. 拼人形

252. 新七巧图

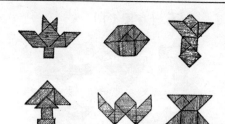

253. 益智图

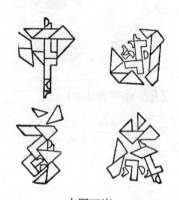

中国万岁

254. 新益智图

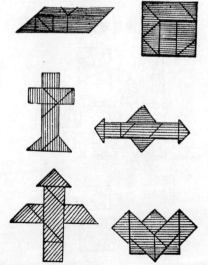

255. 十字图（1）

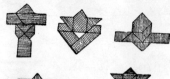

256. 十字图（2）

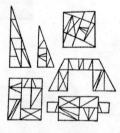

257. 文房游戏图

258. 智 环

259. 四方智慧板

A   B   C

D   E   F

G   H   I

260、六合图

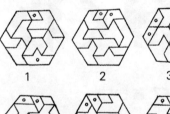
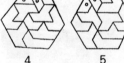

1   2   3

4   5   6

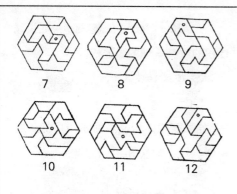

7   8   9

10   11   12

261. 三角智慧板

262. 排 板

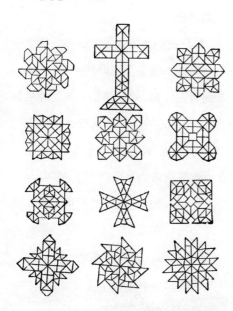

263. 改造鸡窝

∵ 58÷2=29，

29=4+25，

∴ 4×25=100。

根据题意可知，某农夫的鸡窝没改造前的形状如图 1，也就是长为 4，宽为 25 的矩形。

58÷2=29 已知两数的和，这两个数的乘积，如果想要最大，就一定是某数的平方，或某数与某数增减 1 的乘积，所以 29=14+15。14×15=210，所以可知某农夫的鸡窝，改造后的形式如图 2，也就是长为 14，宽为 15 的矩形。

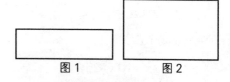

图 1   图 2

264. 筑墙技术

在旧书中，答案为图 1，后因两点间以线段为最短，所以改为图 2；最后又有图 3 的发明，因为梯形的平行的两边，无论如何，都短于两条对角线，所以这堵墙的距离，还是短于图 2，证明如下：

如图 4 ABCD 为一梯形，作 DE//AC，交于 BC 的延长线于点 E。

∵ DE=AC，AD=CE，BD+DE > BE，

$\therefore BD+AC > BC+AD$。

图1　图2

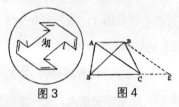

图3　图4

265. 土耳其国旗制法

设大圆的半径为 x，那么

$CD=x-9$；

　$CE=x-5$。

$\because CD\times CA=CE^2$，

即（$x-9$）$x=$（$x-5$）^{2}，

　$x^2-9x=x^2-10x+25$，

即 $x=25$。

所以大圆的半径为 25 厘米，

小圆的半径为

（$25\times2-9$）$\div2=20.5$（厘米）。

266. 球类问题

（1）代这个孩子的回答：

这个球在地平面上不动，其他相等的各球，如果也在地平面上，并且直接挨着这个球的，数量有 6 个。

（2）代这个雕刻师的回答：

$\because V球=\dfrac{1}{6}\pi d^3$，$S表=\pi d^2$；如果球体积的数值 = 球的表面积，

$\therefore\dfrac{1}{6}d^3\times\pi=d^2\times\pi$。

$\therefore d=6$。

如果表示体积及表面积所用的长度单位为寸，那么 $d=6$ 寸。

267. 来往途径

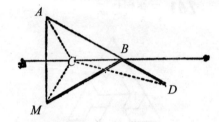

来往途径，想要求最短距离，应在河畔上确定一点，作来往的标记，这个点的求法如图：

先从挤奶的妇人工作的地方 M，引一条直线，垂直于河畔到点 A，令点 A 与河畔的距离，等于挤奶妇人工作的地方 M 与河畔的距离，从点 A 到她家门点 D 引一直线，交河畔于点 B，这个点 B 也就是所求的点。

求 $MB+BD$ 是最短的距离，另在河畔取点 C，那么

$MB+BD=AB+BD=AD$，

$MC+CD=AC+CD$，

$\therefore AD<AC+CD$。

268. 布带交点

令竹杆 $AB=a$，$CD=b$，布带 AD 与布带 BC 相交于点 E，这个点 E 对于地面的距离为 EF，求 EF 等于多少？

设 $EF=x$ 天

$\because \triangle DAB \backsim \triangle DEF$，

$\therefore a:x=AD:DE$，

$(a-x):x=(AD-DE):DE=AE:DE$。

$\because \triangle ABE \backsim \triangle DCE$，

$\therefore a:b=AE:DE$。

$\therefore (a-x):x=a:b$，

$a:x=a+b:b$；

解方程，得 $x=\dfrac{ab}{a+b}$，

今 $a=7$，$b=5$，

$\therefore x=\dfrac{7\times5}{7+5}\approx 2.9$（尺）。

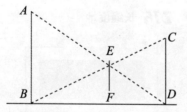

269. 妙算红布

如图 1 所示红布所占的面积与图 2 红布所占的面积，其实是一样的，所以可以将图 2 改为图 1。

设旗的一边为 a，另一边为 b，带状红布的宽为 x 寸，

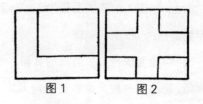

图 1　　　图 2

按照题意，可得，

$(b-x)(a-x)=\dfrac{1}{2}ab$

$x^2-(a+b)x+ab=\dfrac{1}{2}ab$

$x^2-(a+b)x+\dfrac{1}{2}ab=0$

$x=\dfrac{(a+b)\pm\sqrt{(a+b)^2-4\times\frac{1}{2}ab}}{2}$

$=\dfrac{a+b\pm\sqrt{a^2+b^2}}{2}$

按照这道题不能取 + 号；

$\therefore x=\dfrac{a+b-\sqrt{a^2+b^2}}{2}$

由此可知这块红布的宽为：

$\dfrac{3+4-\sqrt{3^2+4^2}}{2}=\dfrac{3+4-5}{2}=1$（寸）。

270. 羊圈模型

如图所示，用 12 枝火柴，摆成六座相等的羊圈模型，且所用的火柴并不折损，而两端相衔接。

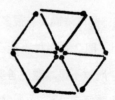

271. 火柴趣题

设每边用一枝火柴的正方形面积为

1 方寸，如图 1 中乙的面积为 1×2=2，甲的面积为 $4 \times 1\frac{1}{2} = 6$。

∴甲的面积是乙的面积的 3 倍。

设每边用一枝火柴的正三角形为 1 平方寸，如图 2 乙的面积为 1×15=15，

∴甲的面积是乙的面积的 3 倍，并且所用的火柴数为 18，并不放在一处，而是两端相连。

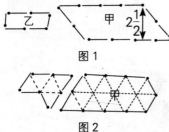

图 1

图 2

272. 圆锥变柱

这个简单的规则，也就是所割的地方，在圆锥体高的 $\frac{1}{3}$ 处。

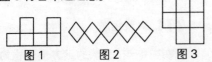

273. 排列手杖

手杖装饰的方法确实有很多种，然而如下列图 1、图 2 则手杖不能全部附着在木板上，所以不是本题的答案，只有图 3 符合本题题意。

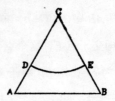

274. 计算羊绳

正三角形 ABC 是这块田的面积，扇形 CDE 是这只羊在这块田内所吃草的面积。

按照题意可知

$$S_{\text{扇形}CDE} = \frac{1}{2} S_{\triangle ABC}$$

$$\therefore S_{\text{扇形}CDE} = \frac{1}{6}CD^2\pi = \frac{1}{2}S_{\triangle ABC},$$

$$\therefore CD = \sqrt{\frac{3S_{\triangle ABC}}{\pi}}$$

$$\therefore CD = \sqrt{\frac{100 \times 3}{3.1416}} = \sqrt{95.49}$$

$$\approx 9.77 \text{（米）}$$

也就是拴羊的绳子长为 9.77 米。

275. 长绳度地

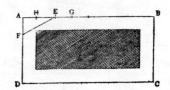

设 ABCD 为某人的矩形田地，

（1）求出 E 点，令 $AE = \frac{1}{4}AB$；

（2）求出 F 点，令 $AF = \frac{1}{4}AD$；

（3）求出 G 点，令 EG=AF；

（4）求出 H 点，令 GH=EF，

那么 AH 就是鱼池对于这块田地外边

的距离，既然有这个距离，那么鱼池的位置就不难求出了，而且鱼池的面积等于桑田的面积。

例如：AB=16(米)，AD=12(米)，

则$AE=\frac{1}{4}\times16$=4(米)，$AF=\frac{1}{4}\times12$=3(米)，

$EF=\sqrt{4^2+3^2}$=5(米)，AH=4+3−5=2(米)，

∴桑田的面积

=（16+12−2×2）×2×2=96(米^2)，

鱼池的面积

=（16−2×2）（12−2×2）=96(米^2)，

所以桑田的面积等于鱼池的面积。

证明：

设AB=a，AD=b，AH=x，

由题意可知

$\frac{1}{2}ab=(a-2x)(b-2x)$，

$\frac{1}{2}ab=ab-(a+b)2x+4x^2$，

$4x^2-(a+b)2x+\frac{1}{2}ab=0$，

$x=\dfrac{2(a+b)-\sqrt{4(a+b)^2-8ab}}{8}$

$=\dfrac{a+b-\sqrt{(a+b)^2-2ab}}{4}$

$=\dfrac{a+b}{4}-\dfrac{\sqrt{a^2+b^2}}{4}$

如$AH=\dfrac{AB+AD}{4}-\dfrac{\sqrt{AB^2+AD^2}}{4}$

那么目的就达到了。

现在$AE+EG$正好等于$\dfrac{AB+AD}{4}$，

又有EF正好等于$\dfrac{\sqrt{AB^2+AD^2}}{4}$，那么

鱼池与桑田的面积无疑是相等的了。

276. 土墙筑法

图1　图2

图5

图3　图4

解答这道题需要注意两点：

（1）所筑的墙的数目保持为3，

（2）将这个图平均分为四等分，所占的墙各各相等。

如图1、图2、图3，墙的数目都为2，因此不符合这道题；如图4墙的长度不能保持相等；因此只有图5符合这道题。

277. 剪纸成链

如图1是一张硬纸，长8寸，高2$\frac{1}{2}$寸，从点 A 到点 B 以及从点 C 到点 D，都是半寸，BB 间，CC 间，都分为16等分，每等分仍是半寸，BB 间，CC 间，作15条垂直线，也就是连接BB到CC间相对的分点；而BB 间各等分实线和虚线相间，CC 间的虚线与实线正好相反。剖开AA 到BB，DD 到CC，将15条直线分别用刀切通，正面BB，CC 间的实线切开一半，虚线也就是反面也切

开一半，正面虚线的地方与反面实线的地方，都不切开。然后如图2，将有影的地方切去，就得到链形的硬纸。

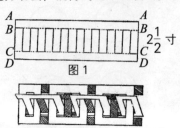

图1

图2

注意： 将有阴影的地方切去时，并不是完全将两边切去，有时切去正面有阴影的地方，留反面有阴影的地方；有时切去反面有阴影的地方，而留正面有阴影的地方；有时两边都切去。下剪刀之前要留心观察，剪切去想要剪切的地方，确保无误。

278. 剪纸巧思（1）

将原图按照下面的图1虚线折叠，成图2，沿虚线剪两刀，展开就成图3。

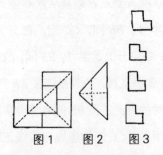

图1　　图2　　图3

279. 剪纸巧思（2）

按照下图的顺序折叠，按照图4、

图8剪断，展开成图9，合在一起则成图10。

图1　图2　图3　图4　图5　图6 图7 图8

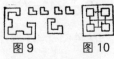

图9　　　　图10

280. 剪纸巧思（3）

先将纸按照下面图1的虚线折叠，使左边覆盖在右半边上；如图2，用图2上端的小方，向下覆盖，如图3；用3上端的右角，向左斜折叠，成图4；再把图4的左上角向下折叠，成图5；沿图5的中线（也就是图中的虚线），剪开，展开排列，就成了所要的图了。

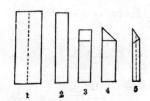

1　　2　　3　　4　　5

281. 巧妙剪纸

按照下图剪开，就成了鹅。

283、铁道趣题（1）

（1）先用 R 与 Q 连结，向 B 行，过 B 后，逆行，送 Q 入隧道，如图2。

（2）R 还要到 B 端与 P 连结，向 C 行，过 C 后逆行，送 P 入隧道中，与 Q 连结，后按原路退出，送 P 和 Q 到干路，如图3及图4。

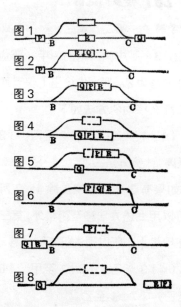

（3）将 Q 放在干路上，拖 P 向 C 行，回来后逆行，送入隧道中，如图5。

（4）R 还要到干路，拖 Q 经过 C，送到隧道中，推 P 到隧道左端，如图6。

（5）R 拖 Q 按照原路退出，经过 C，逆行在干路上，送 Q 到 B 的左端，如图7

（6）R 经过 B 逆行入支路，拖 P 出隧道，向左行，经过 B，送 P 到 C 端，R 还要到原位，如图8。

至此 P 与 Q 已交换，而 R 仍在原处。

284.铁道趣题（2）

（1）M 左行，退入支路，送 P 至4；

（2）M 由原路出，退行至6，入右侧支路，送 Q 与 P 相连，拖两辆车出后再进入干路，将 P 置于3；

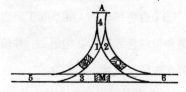

（3）M 拖 Q 再进入支路，过2送 Q 到4；

（4）M 由支路出，拖 P 退行进入右支路，放 P 于2；

（5）M 出，经过6、3、5、1，将 Q 由4拖至1，M 回至3，这样一来那么 P 与 Q 的位置已经交换，而 M 还在原地。

285. 铁道趣题（3）

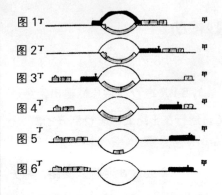

图1^丁 ...... 甲
图2^丁 ...... 甲
图3^丁 ...... 甲
图4^丁 ...... 甲
图5^丁 ...... 甲
图6^丁 ...... 甲

通过六次调换，使双方的列车完全通过，方法如下：

（1）将白色的列车（从甲到丁）分为三组：①车头及七节车厢；②八节车厢；③一节车。

（2）黑色的列车（从丁到甲）全部前进，并且推白色列车②和③两组后退。

（3）白色列车的①组，向丁前进，而黑色带白色列车的②组退后，并留白色列车在环上位置，如图3。

（4）黑车再从环的上方向甲进行，而与白色列车的③组连结，如图4。

（5）白色列车的①组退后，与②组相结合，并再向丁进行，而黑车带白车的③组退后，并留白车在环上，黑车再从环的上方向甲进行。

（6）白车的①和②组退后，与白车③相连结，那么白车完全相连，向目的地前进。

286. 铁道趣题（4）

最少次数为9，移动方法如下：

从9到10，从6到9，从5到6，从2到5，从1到2，从7到1，从8到7，从9到8，从10到9，这样移动甲乙丙在每一个圆上，且甲乙丙在每一直线上。

287. 婆罗门之谜

令第一，第二，第三，……各环为1，2，3……中间有塔的为甲，两边没有环的塔为乙、丙，先设塔上仅有两个环，那么移动的方法如下：

（1）1至乙；（2）2至丙；（3）1至丙 计费方法三次。

如果有3环，也就是除1，2两个环可以用上述方法移至丙塔外，第三环仍在甲塔上，所以须进行下列的移动：

（4）3至乙；（5）1至甲；（6）2至乙；（7）1至乙。

如果还有4环，则1，2，3，三环可用上述的方法移至乙塔，仍有第四环在甲塔上，所以又须增加下列的移动：

（8）4丙；（9）1丙；（10）2

甲；（11）1甲；（12）3丙（13）1乙；（14）2丙；（15）1丙；（注）4丙也就是4至丙，以下同。

如果有5环，那么1，2，3，4可用以上方法移至丙塔，而5仍在甲上，所以须增加以下移动：

（16）5乙；（17）1甲；（18）2乙；（19）1乙；

（20）3甲；（21）1丙；（22）2甲；（23）1甲；

（24）4乙；（25）1乙；（26）2丙；（27）1丙；

（28）3乙；（29）1甲；（30）2乙；（31）1乙；

如果有6环，按照以上方法须添加下列移动：

（32）6丙；（33）1丙；（34）2甲；（35）1甲；

（36）3丙；（37）1乙；（38）2丙；（39）1丙；

（40）4甲；（41）1甲；（42）2乙；（43）1乙；

（44）3甲；（45）1丙；（46）2甲；（47）1甲；

（48）5丙；（49）)1乙；（50）2丙；（51）1丙；

（52）3乙；（53）1甲；（54）2乙；（55）1乙；

（56）4丙；（57）1丙；（58）2甲；（59）1甲；

（60）3丙；（61）1乙；（62）2丙；（63）1丙；

如果有7环，按照以上的方法，须添加下列移动：

（64）7乙；（65）1甲；（66）2乙；（67）1乙；

（68）3甲；（69）1丙；（70）2甲；（71）1甲；

（72）4乙；（73）1乙；（74）2丙；（75）1丙；

（76）3乙；（77）1甲；（78）2乙；（79）1乙；

（80）5甲；（81）1丙；（82）2甲；（83）1甲；

（84）3丙；（85）1乙；（86）2丙；（87）1丙；

（88）4甲；（89）1甲；（90）2乙；（91）1乙；

（92）3甲；（93）1丙；（94）2甲；（95）1甲；

（96）6乙；（97）1乙；（98）2丙；（99）1丙；

（100）3乙；；（101）1甲；（102）2乙；（103）1乙；

（104）4丙；（105）1丙；（106）
2甲；（107）1甲；

　　（108）3丙；（109）1乙；（110）
2丙；（111）1丙；

　　（112）5乙；（113）1甲；（114）
2乙；（115）1乙；

　　（116）3甲；（117）1丙；（118）
2甲；（119）1甲；

　　（120）4乙；（121）1乙；（122）
2丙；（123）1丙；

　　（124）3乙；（125）1甲；（126）
2乙；（127）1乙；

　　如果有8环，则须添加128步移
动，如下：

　　2丙 1丙 2甲 1甲 3丙 1乙 2
丙 1丙 4甲 1甲

　　2乙 1乙 3甲 1丙 2甲 1甲 5
丙 1乙 2丙 1丙

　　3乙 1甲 2乙 1乙 4丙 1丙 2
甲 1甲 3甲 1乙

　　2丙 1丙 6甲 1甲 2乙 1乙 3
甲 1丙 2甲 1甲

　　4乙 1乙 2丙 1丙 3乙 1甲 2
乙 1乙 5甲 1丙

　　2甲 1甲 3丙 1乙 2丙 1丙 4
甲 1甲 2乙 1乙

　　3甲 1丙 2甲 1甲 7丙 1乙 2

丙 1丙 3乙 1甲

　　2乙 1乙 4丙 1丙 2甲 1甲 3
丙 1乙 2丙 1丙

　　5乙 1甲 2乙 1乙 3甲 1丙 2
甲 1甲 4乙 1乙

　　2丙 1丙 3乙 1甲 2乙 1乙 6
丙 1丙 2甲 1甲

　　3丙 1乙 2丙 1丙 4甲 1甲 2
乙 1乙 3甲 1丙

　　2甲 1甲 5丙 1乙 2乙 1丙 3
乙 1乙 2甲 1乙

　　4丙 1丙 2甲 1甲 3丙 1乙 2丙
1丙

　　统观上述的各种方法，可得下列
各式：

　　环数　　　方法数

　　（1）　　$1=2^1-1$；

　　（2）　　$1×2+1=3=2^2-1$；

　　（3）　　$3×2+1=7=2^3-1$；

　　（4）　　$7×2+1=15=2^4-1$；

　　（5）　　$15×2+1=31=2^5-1$；

　　（6）　　$31×2+1=63=2^6-1$；

　　（7）　　$63×2+1=127=2^7-1$；

　　（8）　　$127×2+1=255=2^8-1$；

　　根据上式可知如果有64环，那么
方法应当是$2^{64}-1$，而我们移动环的方
法，假如1分钟能移动百次，一兆次应

当需要 19026 年，移动 64 环是这个数字的千万倍，也就是需要千亿年以上，那个时候世界都没有了，也是意料中的事，婆罗门不见了，也不必惊讶。

288. 特别的摩托车站

最少须要移 43 次如下：

6—午，2—丑，1—辰，3—未，4—申，3—亥，6—戌，4—午，1—申，2—酉，5—未，4—子，7—巳，8—辰，4—卯，8—寅，7—子，8—午，5—寅，2—丑，1—辰，8—申，1—午，2—酉，7—未，1—子，7—午，2—丑，6—辰，3—未，8—亥，3—申，7—戌，3—午，6—申，2—酉，5—未，3—寅，5—午，2—丑，6—辰，5—申，6—酉。

注意：所谓的 6—午，也就是移动 6 到午，除了这个方法之外，还有其他的方法，移动次数也是 43 次，读者可以自己试一下。

289. 八辆机车

设：因为发动机坏了而不能移动的机车为 5，移动顺序如下：

7，6，3，7，6，1，2，4，1，3，8，1，3，2，4，3，2。

290. 移 橘

这道题有两个解法：

(1) 由 1 移至 4，由 5 至 8，由 9 至 12，（此时绕圆周一次）由 3 至 6，由 7 至 10，由 11 至 2，（到 12 也就是完成第二周但现在已经到 2，所以此时认为三周）此时则 2，4，6，8，10，12 六碟中有两个橘子，1，3，5，7，9，11 为空碟，它们的位置正好次第相间，而只绕圆周 3 次。

(2) 由 4 至 7，由 8 至 11，由 12 至 3，（此时绕圆周一次，）由 2（此时是由 3 绕 4，5，6……到 2，所以已绕圆周二次，）至 5，由 6 至 9，由 10 至 1，（此为第三周，）这个方法也仅绕圆周 3 次，结果则为 1，3，5，7，9，11 六碟中有两个橘子，2，4，6，8，10，12 为空碟，它的位置也正好各相间，以上所举的两个方法，都绕圆周 3 次，若绕 4 周，当然比较容易，但不合题意。

291. 九个核桃

最少只需 4 次，方法如下：

5 过 8，9，3，1；7 过 4；6 过 2，7；5 过 6。

292. 十只苹果

按照图上所定各个碟子的号数，记着它们移动的顺序，先移动8至10，然后继续越果而取果，9—11，1—9，13—5，16—8，4—12，12—10，3—1，1—9，9—11，此时第10碟中的一果，就可以直接取出。

293. 十个囚徒

如图的位置，共有16列，都是偶数的囚徒，4纵行，4横行，5斜行（由左上角至右下角），另一斜行（由右上角至左下角）3，此时箭头所指的是移动的4囚徒，并且可以看出右下角，仍在原处没动。

294. 巧移十五

图中白圈表示木片及空处，数字表示已定的木片，白圈处不写数字的，因为可以任意排列，其位置不固定，到已有数字的地方，就不可再随意移

动，方法如下：

4		○	○
3	○	○	○
○	○	○	○
○	○	○	○

图1

4	○	○	○
3	○	○	○
○	○	○	○
○	○	○	○

图2

4		○	○
3	○	○	○
○	○	○	○
○	○	○	○

图3

3	4	○	○
○	○	○	○
○	○	○	○
○	○	○	○

图4

先移4到左上角，如图1；

然后移3到4的下方如图2；

然后移去4右边的木片，使成空处，如图3；

移动4到空处，4原来的地方用3补上，如图4；

移动2到空处，如图5；

移动4右边的木片，使成空处，如图6；

移动4到空处，然后依次移动3、2到右边，如图7；

移动1到2的下方，如图8；

移去4右边的木片，使成空处，如图9；

依次移动4、3、2到右1格内，其

空处以1填补，如图10；

移5到1的下方，如第图11；

移去4下方的木片，使成空处，如图12；

移4到下1格内，依次移3、2、1到它们右面1格，移动5向上，使5原来的位置为空处，如图13；

移动9到空处，如图14；

移去4下方的木片，使原处为空处，如图15。

1	2	3	4
5	○	○	○
○	○	○	○
○	○	○	○

图11

1	2	3	4
5	○	○	
○	○	○	○
○	○	○	○

图12

5	1	2	3
	○	○	4
○	○	○	○
○	○	○	○

图13

5	1	2	3
9	○	○	4
○	○	○	○
○	○	○	○

图14

3	4	○	○
2	○	○	○
○	○	○	○
○	○	○	○

图5

3	4		○
2	○	○	○
○	○	○	○
○	○	○	○

图6

5	1	2	3
9	○	○	4
○	○	○	
○	○	○	○

图15

9	5	1	2
○	○	○	3
○	○	○	4
○	○	○	○

图16

2	3	4	○
○	○	○	○
○	○	○	○
○	○	○	○

图7

2	3	4	○
1	○	○	○
○	○	○	○
○	○	○	○

图8

9	5	1	2
13	○	○	3
○	○	○	4
○	○	○	○

图17

9	5	1	2
13	○	○	3
○	○	○	4
○	○	○	○

图18

2	3	4	
1	○	○	○
○	○	○	○
○	○	○	○

图9

1	2	3	4
	○	○	○
○	○	○	○
○	○	○	○

图10

13	9	5	1
○	○	○	2
○	○	○	3
○	○	○	4

图19

13	9	5	1
8	○	○	2
○	○	○	3
○	○	○	4

图20

参考答案

13	9	5	1
8	○	○	2
7	○	○	3
○	○	○	4

图21

13	9	5	1
8		○	2
7	○	○	3
○	○	○	4

图22

13	9	5	1
7	8	○	2
	○	○	3
○	○	○	4

图23

13	9	5	1
7	8	○	2
6	○	○	3
○	○	○	4

图24

13	9	5	1
7	8		2
6	○	○	3
○	○	○	4

图25

13	9	5	1
6	7	8	2
	○	○	3
○	○	○	4

图26

13	9	5	1
6	7	8	2
11	○	○	3
○	○	○	4

图27

13	9	5	1
6	7	8	2
11	○		3
○	○	○	4

图28

依次移动 4、3 到下 1 格，再依次移动 2、1、5 到其右 1 格，向上移动 9，使成 9 原来的位置成空处，如图 16；

移动 13 到空处，如图 17；

移去 4 下格内的木片，使成空处，如图 18；

依次移动 4、3、2 到其下 1 格，再依次移动 1、5、9 到其右 1 格，移动 13 到上 1 格，如圆 19；

移动 8 到 13 的下方，如图 20；

移动 7 到 8 的下方，如第图 21；

移去 8 之右旁一片使成空处，如第图 22；

移动 8 到右边的空处，移动 7 到上 1 格内，如第图 23；

移动 6 到 7 的下方，如图 24；

移去 5 下方的木片，使成空处，如图 25；

依次移动 8、7 到右格，移动 6 到上 1 格，如图 26；

移动 11 到 6 的下方，如图 27；

移去 8 下方的木片，使成空处，如图 28；

移动 8 到下 1 格，依次移动 7、6 到其右格，移动 11 到其上 1 格，如图 29；

移动 10 到 11 的下方，如图 30；

移去 8 下方的木片，使成空处，如图 31；

逐次移动 8、7 到其下 1 格，再逐次移动 6、11 到其右边 1 格，移动 10 到上 1 格，如图 32。

图29

13	9	5	1
11	6	7	2
	○	8	3
○	○	○	4

图30

13	9	5	1
11	6	7	2
10	○	8	3
○	○	○	4

乙图36

9	5	1	
13	11	6	2
10	15	7	3
14	12	8	4

乙图37

9	5	1	2
13	11	6	3
10	15	7	4
14	12	8	

图31

13	9	5	1
11	6	7	2
10	○	8	3
○	○		4

图32

13	9	5	1
10	11	6	2
	○	7	3
○	○	8	4

乙图38

9	5	1	2
13	11	6	3
10	15	7	4
14		12	8

乙图39

9	5	1	2
13		6	3
10	11	7	4
14	15	12	8

图33

13	9	5	1
10	11	6	2
14	○	7	3
○	○	8	4

甲图34

13	9	5	1
10	11	6	2
14		7	3
15	12	8	4

乙图40

9	5	1	2
13	6	7	3
10	11		4
14	15	12	8

乙图41

9	5	1	2
13	6	7	3
	10	11	4
14	15	12	8

甲图35

13	9	5	1
	10	6	2
14	11	7	3
15	12	8	4

甲图36

13	9	5	1
14	10	6	2
15	11	7	3
	12	8	4

乙图42

	5	1	2
9	6	7	3
13	10	11	4
14	15	12	8

乙图43

5	1	2	
9	6	7	3
13	10	11	4
14	15	12	8

乙图34

13	9	5	1
10	11	6	2
14	15	7	3
	12	8	4

乙图35

	9	5	1
13	11	6	2
10	15	7	3
14	12	8	4

乙图44

5	1	2	3
9	6	7	4
13	10	11	8
14	15	12	

乙图45

5	1	2	3
9	6	7	4
13	10	11	8
	14	15	12

	1	2	3
5	6	7	4
9	10	11	8
13	14	15	12

乙图 46

	1	2	3
5	6	7	4
9	10	11	8
13	14	15	12

乙图 47

1	2	3	4
5	6	7	8
9	10	11	12
13	14	15	

乙图 48

1	2	3	4
5	6	7	8
9	10	11	12
13	14	15	

辛

移动 14 到 10 下方，如图 33。（甲），此时如果 14 的右方为空，而 15 在 14 的下方，如甲图 34，那么移动 11 到其下 1 格，移动 10 到右 1 格，如甲图 35，然后依次移动 14、15 到其上 1 格，成甲图 36，就结束了。

（乙）此时如 l5 在 14 的右边，12 在 15 的下方，如乙图 34，其移法如下：

依次移动 14，10，l3 到其下 1 格内，如乙图 35；

依次移动 9，5，1 到其左 1 格内，如乙图 36；

依次移动 2，3，4 到其上格内，如乙图 37；

依次移动 8，12 到其右 1 格内，如乙图 38；

依次移动 11，15 到其下 1 格内，如乙图 39；

移动 6 到左 1 格，移动 7 到上 1 格，如乙图 40；

依次移动 11，10 到其右 1 格内，如乙图 41；

依次移动 13，9 到其下 1 格内，如乙图 42；

依次移动 5，1，2 到其左 1 格内，如乙图 43；

依次移动 3，4，8 到其上 1 格内，如乙图 44；

依次移动 12，15，14 到其右 1 格内，如乙图 45；

依次移动 13，9，5 到其下 1 格内，如乙图 46；

依次移动 1，2，3 到其左 1 格内，如乙图 47；

依次移动 4，8，12 到其上 1 格内，如乙图 48。

到此时匣内的木片，已经排好顺序，有如图辛。

匣内的 15 快木片，任意排列，可得 1 307 674 368 000 的不同之式，用适当的移动，使其排成丁式，方法不胜枚举，以前的人们讨论这道题，是上面的数的一半，结果也能得到上面的辛図,而不能移成乙图48。这道题是1878年，一个既聋又哑的人，在独居无聊的时候，创造出这个游戏，以此消遣，之后家喻户晓，人们竞相研究。有说其物简理繁，可以收敛浮躁的心归于宁静，有说其枯燥无味，只会令人神经扰乱，于身心无益。见仁见智，人各不同，人的趣味不同罢了。

295. 罐的排列

最少的次数为17，其顺序如下：

(3—1，2—3)，(15—4，16—15)，(17—7，20—17)，(24—10，11—24，12—11)，(8—5，6—8，21—6，23—21，22—23，14—22，9—14，18—9)，如果按照通常的方法移动，至少须移动22次，但用以上5对括弧内所表示的方法，每对括弧内可省去1次移勤，共省去5次，仅需17。其原因读者是不难知道的。

296. 八个小孩

这道题的解法有很多，除7、8两个小孩外，其余都可于第一次移动，但接下来就不同了，现在列举如下：

原来的位置…1，2，3，4，5，6，7，8；

第一次移动4，3，1，2，…，5，6，7，8；

第二次移动4，3，1，2，7，6，5，…，8；

第三次移动4，3，1，2，7，…5，6，8；

第四次移动4，…2，7，1，3，5，6，8；

第五次移动4，8，6，2，7，1，3，5，…

297. 两种帽子

1	2	3	4	5	6	7	8	9	10	11	12
●	●	○	●	○	●	●	○	●	○		
●	●		○	●	○	●	●	○	●	○	●
●	●	○	○	●		○	○	●	○	○	●
●	●	○	○		●	○	○	●	○	○	●
●	●	○	○	●	●			○	●	●	○
		○	○	○	○	●	●	●	●	●	●

如图黑点表示丝帽，白圈表示毡帽，第一行为各帽原来放的位置，第一次移动2、3，至11、12(如第二行)；第二次移动7、8到2、3(如第三行)；第三次移动4、5到7、8(如第四行)；第四次移动10、11到4、5(如第五行)；第五次移动1、2到10、11(如第五行)。这样5个丝帽在一处，5个毡帽在一处，而2空钉在墙的左端，除了这个方法外，还有其他方法，读者可以自己求一下。

298. 巧攻敌舰

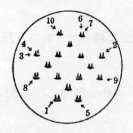

设敌舰的排列如上图的形状，那么可击沉十艘，箭头所示为炮弹进行的方向，1，2，3，……表示发炮的次序。

299. 黑白换位

交换的次序如下：

未至戌，未至辰，未至寅，未至子，申至亥，申至巳，申至卯，

戌至亥，午至酉，酉至子，巳至戌，亥至辰，卯至戌，辰至巳，

辰至卯，辰至丑，丑至戌。

300. 移棋相间

从5子到20子的移动方法列举如下：

5子：左 右 左 右 左

    2 4 5 2 1

    3 5 6 3 2

6子：左 右 左 右 右 左

    2 6 4 5 2 1

    3 7 5 6 3 2

7子：左 右 左 右 左 右 左

    2 5 5 6 7 2 1

    3 6 6 7 8 3 2

8子：左 右 左 右 左 右 左 左

    2 8 5 5 6 7 2 1

    3 9 6 6 7 8 3 2

9子：左 右 左 右 左 右 左 右 左

    2 7 6 4 9 8 5 2 1

    3 8 7 5 10 9 6 3 2

10子：

    左 右 左 右 左 右 左 右 左 左

    2 10 5 6 8 9 6 5 2 1

    3 11 6 7 9 10 7 6 3 2

11子：

    左 右 左 右 左 右 左 右 左 右 左

    2 9 6 5 9 10 11 6 5 2 1

    3 10 7 6 10 11 12 7 6 3 2

12子：

左 右 左 右 左 右 左 右 左 右 左

    2 12 5 6 9 9 10 11 6 5 2 1

    3 13 6 7 10 10 11 12 7 6 3 2

13子：

    左 右 左 右 左 右 左 右 左 右 左 右 左

    2 11 6 7 10 4 13 8 9 12 5 2 1

    3 12 7 8 11 5 14 9 10 13 6 3 2

14子：

左 右 左 右 左 右 左 右 左 右 左 右 左

2 14 5 6 9 10 12 13 10 9 6 5 2 1

3 15 6 7 10 11 13 14 11 10 7 6 3 2

15子：

左 右 左 右 左 右 左 右 左 右 左 右 左 右 右 右

2 13 6 9 12 5 9 14 15 10 11 6 5 2 1

3 14 7 10 13 6 10 15 16 11 12 7 6 3 2

16子：

左 右 左 右 左 右 左 右 左 右 左 右 左 右 左 右

2 16 5 6 9 12 13 9 14 15 10 11 6 5 2 1

3 17 6 7 10 13 14 10 15 16 11 12 7 6 3 2

17子：

左 右 左 右 左 右 左 右 左 右 左 右 左 右 左 右 左

2 15 6 11 14 5 10 8 17 16 13 12 9 6 5 2 1

3 16 7 12 15 6 11 9 18 17 14

13 10 7 6 3 2

18子：

左 右 左 右 左 右 左 右 左 右 左 右 左 右 左 右 右

2 18 5 6 9 14 15 10 12 17 16 13 10 9 6 5 2 1

3 19 6 7 10 15 16 11 13 18 17 14 11 10 7 6 3 2

19子：

右 左 右 左 右 左 右 左 右 左 右 左 右 左 右 左 右 左

2 17 6 13 16 5 10 9 13 18 19 14 15 10 9 6 5 2 1

3 18 7 14 17 6 11 10 14 19 20 15 16 11 10 7 6 3 2

20子：

左 右 左 右 左 右 左 右 左 右 左 右 左 右 左 右 左 右 左

2 20 5 6 9 16 17 10 13 13 18 19 14 15 10 9 6 5 2 1

3 21 6 7 10 17 18 11 14 14 19 20 15 16 11 10 7 6 3 2

301. 干酪商

第一答：4堆的位置在1，2，15，16四处，移动的顺序如下：7—2，8—7，9—8，10—15，6—10，5—6，

14—16，13—14，12—13，3—1，4—3，11—4，这些所记的号数，代表各饼，而不是各饼原来的位置。

第二答：9—4，10—9，11—10，6—14，5—6，12—15，8—12，7—8，16—5，3—13，2—3，1—2，这样移动，那么3堆并列于13，14，15三处，另一堆在4上。

第三答：4堆的位置在3，5，12，14四处，移动的顺序如下：8—3，9—14，16—12，1—5，10—9，7—10，11—8，2—1，4—16，13—2，6—11，15—4。

302. 猫捕鼠

第一答：用13个数而鼠最后被吃掉，须从第七鼠数起(令白鼠为第一，按照箭头的方向进行)。求数的方法，无须从各老鼠——试验，只须从任何一处开始试验一次，记下最后被吃的与起点相距离几鼠，数到某只鼠，也就是以某只鼠为起点。

第二答：从白鼠数起而最后被食的也是白鼠，须以21代13数，这个数是由1数试验起，直到21，由此可知这个数是最小，除了这个方法外，没有其他的方法。

第三答：从白鼠数起而白鼠于第三次被吃，所用的数为100(最小数)，若用1 000也可以，且从100到1 000，中间有72个数目合乎这个条件，这些也是逐次试验得到的。

303. 巧取硬币

（1）（2）（13）（12）（11）
（3）（4）（5）（10）
（15）（14）（6）（9）
（16）（17）（7）（8）（18）

（1）（2）（9）（8）（7）
（3）（4）（5）（6）
（11）（10）（15）（16）
（12）（13）（14）（17）（18）

（1）（2）（13）（12）（11）
（3）（14）（9）（10）
（4）（15）（8）（16）
（5）（6）（7）（17）（18）

（1）（2）（9）（8）（7）
（3）（4）（5）（6）
（16）（10）（15）（14）
（17）（11）（12）（13）（18）

（1）（2）（3）（4）（5）
（14）（13）（12）（6）
（15）（9）（8）（7）
（16）（10）（11）（17）（18）

（1）（2）（11）（10）（9）
（3）（4）（7）（8）
（16）（5）（6）（15）

（17）（12）（13）（14）（18）
（1）（2）（3）（15）（14）
　（9）（4）（10）（13）
（8）（5）（11）（12）
　（7）（6）（16）（17）（18）

（1）（2）（12）（13）（14）
　（3）（4）（5）（15）
（10）（11）（6）（16）
　（9）（8）（7）（17）（18）

（1）（2）（3）（11）（12）
（14）（4）（10）（13）
（15）（5）（6）（7）
（16）（17）（9）（8）（18）

（1）（2）（3）（4）（5）
（13）（14）（15）（6）
（12）（9）（8）（7）
（11）（10）（16）（17）（18）

（1）（2）（9）（8）（7）
　（3）（4）（5）（6）
（15）（10）（11）（16）
（14）（13）（12）（17）（18）

（1）（2）（3）（10）（9）
（12）（4）（11）（8）
（13）（5）（6）（7）
（14）（15）（16）（17）（18）

（1）（2）（3）（14）（13）
　（5）（4）（15）（12）
　（6）（9）（10）（11）
　（7）（8）（16）（17）（18）

（1）（2）（10）（11）12）
　（3）（4）（5）（13）
（15）（9）（6）（14）
　（16）（8）（7）（17）（18）

（1）（2）（3）（12）（11）
　（14）（4）（13）（10）
　（15）（5）（8）（9）
　（16）（6）（7）（17）（18）

（1）（2）（14）（15）（16）
　（3）（13）（9）（10）
　（4）（12）（8）（11）
　（5）（6）（7）（17）（18）

（1）（2）（5）（6）（7）
　（3）（4）（9）（8）
（15）（14）（10）（13）
（16）（17）（11）（12）（18）

（1）（2）（3）（4）（5）
（15）（14）（13）（6）
（16）（11）（12）（7）
（17）（10）（9）（8）（18）

（1）（2）（9）（8）（7）
　（3）（4）（5）（6）
（15）（10）（11）（16）
（14）（13）（12）（17）（18）

（1）（2）（3）（11）（12）
　（9）（4）（10）（13）
　（8）（5）（15）（14）
　（7）（6）（16）（17）（18）

（1）（2）（8）（9）（10）
（3）（4）（5）（11）
（13）（7）（6）（12）
（14）（15）（16）（17）（18）

（1）（2）（3）（15）（16）
（10）（4）（9）（8）
（11）（5）（6）（7）
（12）（13）（14）（17）（18）

（1）（2）（13）（12）（11）
（3）（14）（15）（10）
（4）（7）（8）（9）
（5）（6）（16）（17）（18）

304. 硬币游戏

先把硬币排为一列，按照下面的方法移动它们，就能得到所求的位置。

一 二 三 四 五 六 七 八 九 十 十一 十二 十三 十四 十五
移五至一 移六至一 移九至十三 移八至十三 移十二至四
移二至七 移十一至四 移三至七 移十四至十 移十五至十

一　四　七　十　十三
五　十二　二　十四　九
六　十一　三　十五　八

305. 垒硬币

它们移动的次序如下：

移 12 至 3，7 至 4，10 至 6，8 至 1，9 至 5，11 至 2。

306. 物大难调

最简便的方法，只移动 17 次，次序如下：

大风琴，书架，衣柜，大风琴，橱，大箱；大风琴，衣柜，书架，橱；衣柜，大风琴，大箱；衣柜，橱，书架，大风琴。

307. 排列图记

最少的数为 23 次，次序如下：

甲，乙，巳，戊，丙，

甲，乙，巳，戊，丙，

甲，乙，丁，辛，庚，

甲，乙，丁，辛，庚，

丁，戊，巳。

308. 英国十字勋章

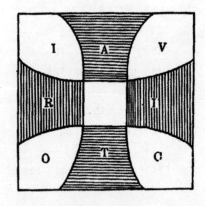

1、VICTORIA 必须顺序嵌入在空格的周围，且 V 字母必须在黑格之内。

2、移动需为最少数

此VICTORIA除同样两个I外，其余各字母都各不相同，所以只以I1，I2表示I就可以。

I2可以直接变为I1，同理I1，可以直接变为I2。如果I2不动，需移动22次，次序如下：

A V I C T O R ！ A V I C T O R ！ AVICTORI！如I1，I2都不动，那么须移动28次，如I1，I2都动，只须移动18次，其次序如下：

I1，V，A，I2，R，O，T，I1，I2，A，V，I2，I1，C，I2，V，A，I1，所以合乎这道题的I1，I2都需移动。

309. 棋子交换

其次序如下：

癸，甲，乙，癸，壬，辛，甲，乙，丙，丁，癸，壬，辛，庚，巳，甲，乙，丙，丁，戊，癸，甲，乙，丙，丁，辛。

310. 中心棋

此棋只移动19次，就能达到目的，次序如下：

19—17，16—18，(29—17，17—19)，30—18，27—25，(22—24，24—26)

31—23，(4—16，16—28)，7—9，10—8，12—10，3—11，18—6，(1—3，3—11)，(13—27，27—25)，(21—7，7—9)，(33—31，31—23)，(10—8，8—22，22—24，24—26，26—12，12—10)，5—17。

这个方法可供读者参考，而不是绝对的最少的次数。

311. 猎绅游戏

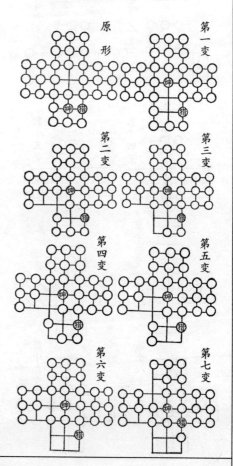

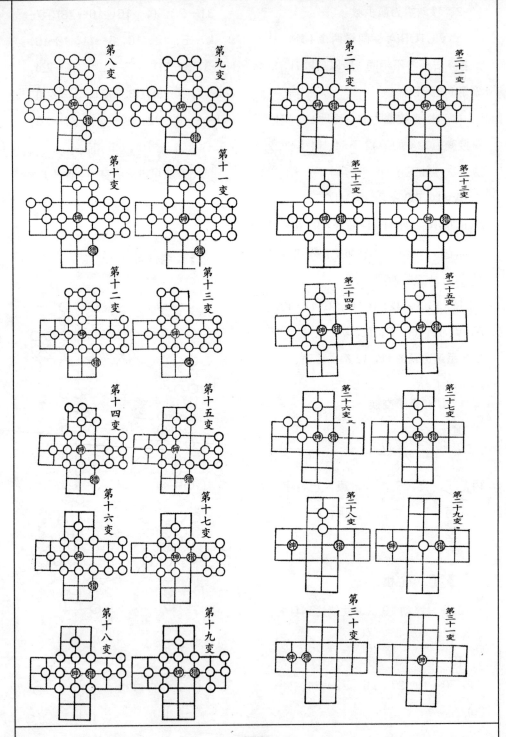

312. 蜈蜂争巢

按照 12，1，3，2，12，11，1，3，2，(5，7，9，10，8，6，4)，3，2，12，11，2，1，2 的顺序移动后，它们的排列仍按照 1，2，3，…，11，12 的次序，但方向相反，而括号以内的次序，须移动四次。

所以最少的次数为 $9+7\times4+7=44$，一般的解法，如果不要求最少的次数，可用 318 答案的公式求解，如果要求得最少的次数，那么另有一公式如下：

如 1，2，3，10，11，12 的移动称为低数移动。

如 4，5，6，7，8，9 的移动称为高数移动。

如 $n<6$，不能应用第二表，否则不便于计算。

最简单的公式如下：

如 m 为偶数，且大于 4，那么移动

$$总数 = \frac{(m^2+4m-16)}{4}，$$

如 m 为奇数，且大于 3，那么移动的

$$总数 = \frac{(m^2+6m-31)}{4}，$$

然而这个公式只能知道移动的总数，而它们移动的次序就不知道了。读者实验时确实不容易，所以最好还是取（一）、（二）表间的公式。

（一）

蜈蜂总数	高数移动		低数移动		移动总数
	蜈蜂数	移动数	蜈蜂数	移动数	
$4n$	$n-1$ 及 n	$2(n-1)^2+5n-7$	$2n+1$	$2n^2+3n+1$	$4(n^2+n-1)$
$4n-2$	$n-1$ 及 n	$2(n-1)^2+5n-7$	$2n-1$	$2(n-1)^2+3n-2$	$4n^2-5$
$4n+1$	n 及 $n+1$	$2\,n^2+5n-2$	$2n$	$2n^2+3n-4$	$2(2n^2+4n-3)$
$4n-1$	$n-1$ 及 n	$2(n-1)^2+5n-7$	$2n$	$2n^2+3n-4$	$4n^2+4n-9$

（二）

蜈蜂总数	高数移动		低数移动		移动总数
	蜈蜂数	移动数	蜈蜂数	移动数	
$4n$	n 及 n	$2n^2+3n-4$	$2n$	$2(n-1)^2+5n-2$	$4(n^2+n-1)$
$4n-2$	$n-1$ 及 $n-1$	$2(n-1)^2+3n-7$	$2n$	$2(n-1)^2+5n-2$	$4n^2-5$
$4n+1$	n 及 n	$2\,n^2+3n-4$	$2n+1$	$2n^2+5n-2$	$2(2n^2+4n-3)$
$4n-1$	n 及 n	$2n^2+3n-4$	$2n-1$	$2(n-1)^2+5n-7$	$4n^2+4n-9$

313. 跳青蛙

这道题所需要的动作如果分开说，也就是 16 个动作（即由这个菌到另外一个菌为一动作），如果仅为 7 个动作，如下括弧所表示的就是。

(1－5)(3－7，7－1)(8－4，4－3，3－7)(6－2，2－8，8－4，4－3)(5－6，6－2，2－8)(1－5，5－6)(7－1)，这样一来黑白两对青蛙的位置都可互换。

314. 青蛙教练（1）

按照 2、4、6 及 5、3、1 的顺序移

动，共21次，那么次序就颠倒了。

$$1、2、3、4、5、6、$$
$$2、1、4、3、6、5、$$
$$2、\ 4、1、6、3、5、$$
$$4、2、6、1、\ 3、5、$$
$$4、2、6、\ 5、1、3、$$
$$6、4、\ 2、5、1、3、$$
$$6、4、5、2、3、\ 1、$$
$$6、5、4、3、2、1、$$

一般的解法如下：

令 n= 青蛙数，S= 移动数，设 n 为偶数，$S=\dfrac{n^2+n}{2}$，设 n 为奇数，则 $S=\dfrac{n^2+3n}{2}-4$，例 $n=14$，那么 n 为偶数。

所以 $S=\dfrac{14^2+14}{2}=105$ 次，例 $n=11$，那么 $S=\dfrac{11^2+3\times11}{2}-4=73$ 次。

315. 青蛙教练（2）

令七个玻璃杯7，6，5，4，3，2，1的顺序为1，2，3，4，5，6，7那么青蛙移动的次序如下：

2至1，5至2，3至5，6至3，7至6，4至7，1至4，3至1，6至3，7至6。

316. 智盗

这个问题最圆满的答案，上下11次，就能安然携箱而去。

箱下 ……………………	第一次
幼童下一箱上 ……………	第二次
少年下一幼童上 …………	第三次
箱下 ……………………	第四次
壮者下一少年及箱上………	第五次
箱下 ……………………	第六次
幼童下一箱上 ……………	第七次
箱下 ……………………	第八次
少年下一幼童上 …………	第九次
幼童下一箱上 ……………	第十次
箱下 ……………………	第十一次

317. 四女渡河

如果这道题中只有3对男女，就算没有小岛也能渡河；现在有四对，又要在极少次数渡过，那么不得不利用河中的小岛，共需17次方可完成，现在以Aa，Bb，Cc，Dd为四对，表中3列为此岸，岛，彼岸，其记号（*）表示艇的每次所在。

此 岸	岛	彼 岸
ABCD abcd*	…………	…………
ABCD cd	…………	…………ab*
ABCD bcd*	…………	…………a
ABCD d	……bc*…	…………a
ABCD cd*	……b	…………a
CD cd	……b	AB…………a*
BCD cd*	……b	A…………a
BCD	…bcd*…	A…………a
BCD d*	……bc	A…………a

D	d	……bc…	ABC………a*
D	d	…abc*…	ABC………
D	d	……b	ABC………ac*
BD	d*	……b	A……C…ac
	d	……b	ABCD……ac*
	d	…bc*…	ABCD……a
	d		ABCD……abc*
cd*			ABCD………ab
……			ABCD……abcd*

DE	de	ABC………abc*
CDE	cde*	AB………ab
cde		ABCDE……ab*
bcde*		ABCDE……a
e		ABCDE……abcd*
bce		ABCDE……ad
		ABCDE……abcde*

318. 三夫妇渡河

（1）甲与其妻先渡，甲乘舟返回。

（2）乙、丙两妻再渡，甲妻返回。

（3）乙、丙再渡，乙与其妻返回。

（4）甲、乙再渡，丙妻返回。

（5）甲、乙两妻再渡，丙返回。

（6）丙与其妻同渡。

319. 五夫妇渡河

这道题如果各位丈夫不相互猜疑嫉妒，只需9次就能过河，但既有限制，那么就不得不需要11次，下面所示的表，A、B、C、D、E代5位丈夫，a、b、c、d、e代5位妻子，左方为所在的岸，右边为对岸，记号 * 表示船所在的位置。

ABCDE abdce	
ABCDE de	…………abc*
ABCDE* bced	…………a
ABCDE e	…………abcd*
ABCDE de*	…………abc

320. 渡海港

以甲、乙、丙代3渔夫，8，5，3代所得之物，渡港的方法如下表，共需13次（表中括号{指船的方向）。

彼 岸	海 港	此 岸
	…{乙5}…	…甲丙83
5	……（乙}…	…甲丙83
5	…{甲3）……	……乙丙8
53	……（甲}	……乙丙8
53	…{乙、丙）…	……甲8
乙5	……（丙3}…	……甲8
乙5	…{甲8）……	……丙3
甲8	……（乙5}…	……丙3
甲8	……乙、丙）…	……53
乙丙8	……（甲}	……53
乙丙8	……{甲3）…	……5
甲丙83	…（乙}	……5
甲丙83	…（乙5}	

321. 过 渡

先让两子过河，一子登岸，一子再划船返回，然后妇人上船，一子再划船返回，接其弟一同返回，再让一子接父亲，然后子再返回接弟弟，然后再让弟弟回去接狗，这样就能安然过河了。

第十一章 一笔画趣题

322. 一笔画（1）

画法，从点 A 起，作曲线 A E F，由点 F 作 F D B，从点 B 到点 C 再到点 G，然后由点 G 到点 D 而返回到点 A，如图所示。

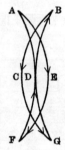

323. 一笔画（2）

这个方法是先折纸的一角，使圆内的点，落在角内，也就是从这个点着笔，按箭头的方向，画在纸的背面，再按照箭头的方向，画到点 B 处，也就是展开纸使它平展，然后画到点 A 处，那么这道题就得到解决了。

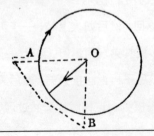

324. 三笔画

如图 1 的绘法，从甲到乙为 1 笔，由丙至丁又 1 笔，然后折纸如图 2，使两条折缝很密切，按照折缝 1 笔，那么戊己，庚辛两线就成了，共 3 笔。

（擦法）如图 1 用一指由甲至乙擦一次，再用一指由丙至丁擦第二次，然后用两指擦戊己、庚辛两线，也只 3 次。

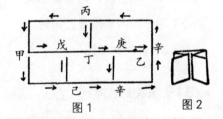

图 1　　　　　图 2

325. 英国旗

如图所示，由甲到乙（按照箭头的方向进行）为一笔，然后连接丙、丁、戊、巳、庚、辛、壬，7 处，共 8 笔，而第一笔的长恐怕没有超过它的。

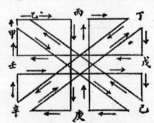

326. 连续画

如图由甲按照箭头的方向出发，要回到甲，成中央的星形，共变换8次方向，然后从甲按照箭头的方向绕圆到乙，由乙再到丙，变换2次方向，再由丙按照下图外圆所示的方向，仍在内圆经过，回绕到丁，再从丁到戊，又变换2次方向，全图就成了，计算变换的方向共12次，恐怕再没有比这个更少的了。

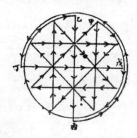

327. 地 毯

从图中右上角起，沿虚线画，即得:

328. 花园路径

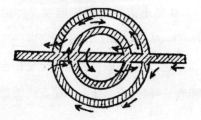

按照图中所画箭头的方向行走，就能从这端到另一端。

329. 旅客的行程

下图中黑线表示所经过的道路，1，2，3，……表示转折的顺序，这样的行走方法，可经过70千米的路程，是最大值。

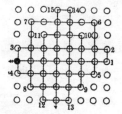

330. 遍游十六村

这道题只有1种走法，可以经过每个村，且每个村只经过1次，次序如下：1，9，5，14，8，4，15，6，10，2，13，7，3，11，16，12，1或者按照这个次序由右至左也可以，但除了这样没有别的办法，图上所表示的路有7条没用，即 (3—14)，(9—16)，(10—12)，(11—13)，(3—12)，(4—13)，(9—15) 7条。

331. 旅行常识

最少仅19千米，B站出发，其次序如下：

B，A，D，G，D，E，F，I，F，C，B，E，H，K，L，I，H，G，J，K。

其中 D—G 与 F—I 这两段铁道经过两次。

332. 立志周游

解诀这道题的方法，先简化图（如图 1），然后用实线连接它们，想连实线一定要先对图 2 进行研究，将 24 区分为黑白相间的方格，从 A 出发，第一次所到的区域一定是黑格，第二次一定是白格，第三次所到的一定是黑格，第四次一定是白格，奇数步到达的都是黑格，偶数步到达的都是白格，最后到 Z，也就是想要第 23 步到达 Z，23 为奇数，Z 必是黑格而后才可，但 Z 是白格，所以这件事情是不可能的。

但题中说其他各区只许经过一次，而 A 区为王某的故乡，走两次也不为过，故按照甲图所连的实线，可以达到目的。

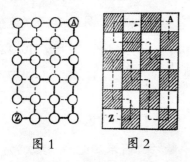

图 1　　　　图 2

333. 周游群岛

周游的次序可有 4 种：

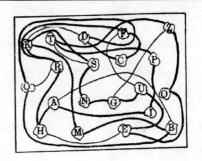

（1）A–I–P–T–Z–O–E–H–R–Q–D–C–F–V–G–N–S–K–M–B–A

（2）A–I–P–T–S–N–G–Z–O–E–V–F–C–D–K–M–B–Q–R–H–A

（3）A–B–M–K–S–N–G–Z–T–P–I–O–E–V–F–C–D–Q–R–H–A

（4）A–I–P–T–Z–O–E–V–G–N–S–K–M–B–Q–D–C–F–R–H–A

这四种如果倒过来又有四种，但合乎本题题意的只有第四这一种，因为第四中的 C 字母，在第十七，比其余几种到 C 都晚。

334. 请判是非

这道题确实有办法可行，其次序如下：

从星形表示的村庄出发，然后按 N–O–W–A–Y–I–M–S–U–R–E 这样的走法，那么与限制的条件完全相合，即有法可行。那么第一个朋友说的是对的，而第二个朋友说的是错的。读者如果不信，可细看上述的顺序，与第二个朋友所说的是否一致，现在再将第二个朋友所说的话写出，以便对照，"No way I'm sure"。由此可知两人说的都是对的。

335. 视察隧道

至少行 360 米，其次序如下：

由 1 至 2，7，8，3，4，9，8，13，14，9，10，15，14，19，18，13，12，7，6，11，12，17，18，19，20，15，10，5，4，3，2，1，6，11，16，17。走两次的为 1－2，3－4，6－11，10－15，18－19，5 条隧道，31+5=36，所以至少要走 360 米的路程，若从 2 出发，则仅需 350 米。

336. 渡桥寻岛

按照下列的顺序，可以遍过各桥而到 B 岛。Q，C，D，F，G，H，J，K，L，M，Y，O，E，P，N，到达 B 岛。

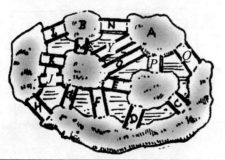

337. 僧人归寺

河上的 5 桥可用简单的图表明，图中的 M 表示僧人，I 表示某地，Y 表示寺院，a，b，c，d，e 表示五桥。

现在 M 到 I 的直接途径为 a 桥与 b 桥，

I 到 Y 的直接途径为 c 桥与 d 桥，

M 到 Y 的直接途径为 e 桥，

因此从 a，b 起始，可得两种走法，从 a，c 起始，或从 a，d 及其他起始，也能各得两种走法，如此统计，可得 16 种走法，如下：

a-b-e-c-d, b-c-d-a-e, a-b-e-d-c, b-c-e-a-d,

a-c-d-b-e, b-d-c-a-e, a-c-e-b-d, b-d-e-a-c,

a-d-c-b-e, e-c-a-b-d, a-d-e-b-c, e-c-b-a-d,

b-a-e-c-d, e-d-a-b-c, b-a-e-d-c, e-d-b-a-c,

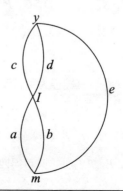

338. 汽车旅行

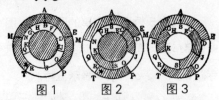

图1　　　图2　　　图3

这道题将原图变为圆形回环图，而以字母记载各村庄的所在，实际上仍与原题的意思相同，因为它更便于说明，现在有十五种实例，分述如下：在图1中，先从甲地开始，为甲，S，R，T，M，A，E，P，O，J，D，d，B，G，N，Q，K，H，F，I，甲，（若从原路回转一周如甲，I，F，H，K，Q，N，G，……甲，这不符合题中所述的条件，所以不能列入），如果将星点（表示起始的段）移至 M 处就可以，得路径为甲，K，Q，N，M，A，E，P，T，R，S，O，J，D，C，B，G，H，F，I，甲。

若将星点移到 A 处，又可得路径为甲，K，H，G，B，A，E，P，T，M，N，Q，R，S，O，J，D，C，F，I，甲；如果将星点移至 E 及 P 处也可以，各得一条路径。

在图2中，其路径为甲，S，O，P，T，R，Q，K，H，F，C，B，G，N，M，A，E，D，J，I，甲；如果将星点移到 M，A，E，P 各处，又可得四条路径。

在图3中，其路径为甲，S，R，T，P，O，J，D，E，A，M，N，Q，K，H，G，B，C，F，I，甲；如果将星点移到 M，A，E，P 各处也可以，得四条路径。所以统计这辆汽车所有回转的途径可以有十五种不同的方法。

339. 自行车旅行

求目的地最简单的方法，先写 1 在图中第一横行及第一竖列所示的各个村落，然后第二横行写 1、2、3、4、5、6 等字，第三横行写 1、3、6、10、15、21 等字，以下每行都按照此，至第五行第十二村落，就是所求的目的地，而所含不同的路径，恰巧是 1 365 条。它的通用公式是 $\dfrac{(m+n)!}{m!\,n!}$。

340. 行车谜题

孝，弟，忠，信，礼，义，廉，耻代以一，三，四，五，六，七，八，图中实线用来表示车所经过的路途。

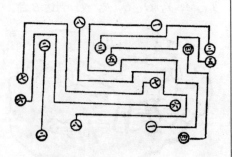

158

341. 参观狗舍

题中可注意的点有两个：

（1）这条狗的出发点及终止点，一在左上角的位置，一在右下角的位置。所以计算狗的路径时，开始于左上角而终止于右下角，或始于左上角及右下角，而终止于同一位置，且前半段的路径所跳入的狗舍，一定限于黑色方格的位置，后半段的途径，所跳入的狗窝，一定限于白色方格的位置；

（2）前半段的路径一定终止在中间两行黑色方格的位置，后半段的路径必始于中间两行白色方格的位置，否则不相联络，怎么能成为完全的路径呢？

<table>
<tr><td>①</td><td>2</td><td>③</td><td>4</td><td>⑤</td></tr>
<tr><td>⑥</td><td>7</td><td>⑧</td><td>9</td><td>⑩</td></tr>
<tr><td>11</td><td>⑫</td><td>13</td><td>⑭</td><td>15</td></tr>
<tr><td>16</td><td>⑰</td><td>13</td><td>⑲</td><td>20</td></tr>
</table>

342. 连结的游戏

看这个图的连结线，自然没有彼此相交的嫌疑，但通黄勇家的自来水管，必须经过黄智的房间，否则不能成立。

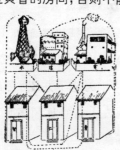

343. 八面体

如果从一个顶点出发，而走遍各棱一周，且每棱经过一次，不同的走法，共有1488种，但每种方法颠倒途径认为又是一种方法，因为方法太多，所以不便说明各种方法的顺序。

344. 二十面体的行星

二十面体共有30条棱，若从一点出发，每棱上不走两次，而能遍走每条棱，那么所走的路程，当然为30×10 000千米，但各棱不重复则无论如何不能走遍各棱，至多只能经过25条棱。不能走到的，即3-11，4-7，5-6，8-9，10-12五条棱，如果除去这五条棱，那么其他25条棱可以每棱上只走一次而走遍，现在记其顺序如下，（参观下图）由1至10，11，12，2，11，7，2，9，12，6，10，3，1，4，3，7，8，4，5，9，6，1，5，8，2。这样的走法，所经过的25条棱，每条棱只经过一次共走25×10 000千米的路程，现在要走遍30条棱，所以不得不将其余5条棱插入，而这5条棱上各走两次，插入这5条棱，其走法如下：

从1到10，11，(3，11)，12，(10，12)，2，11，7，2，9，(8，9)，12，6，

(5，6)，10

3，1，4，(7，4)，3，7，8，4，5，9，6，1，5，8，2。括号内的路径为插入的五条棱，所以由一点出发而走遍各条棱，至少须走：

25×10 000+5×20 000=350 000（千米）。

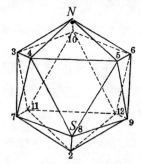

345. 拼字之谜

此题 L、E、V、E、L 的拼法，共有80 种，现在解剖其图形，说明，先从左上角的 L 处起，可得 20 个拼法：

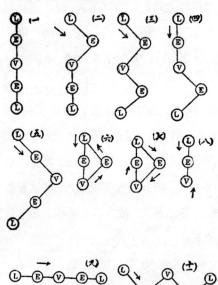

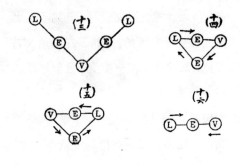

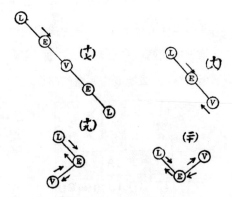

这专指一角的 L，如果四角就能共得 80 种拼法。

346. 蜂巢谜题

这道题所要猜的谜语为 "THERE IS MANY A SLIP TWIXT THE CUP AND THE LIP"，从右下方最外屋的 T 起，接着在其左上角的 H 顺序而下，自然能迎刃而解。

347.HANNAH 之谜

无论从任何 N 处起始，NAH 的拼法，必得 17 种，而 N 的字母有 4 个，所以 NAH 的拼法有 (17×4)68 种，如果同一 N 准用两次，那么拼法又将变为 4 624 即 (68×68)。题中说允许其从某字母经过而到其他字母，所以 HAN 的拼法，每 17 次必与一特别的 N 相配合，于是又有 51(即 3×17) 种拼法，(指全部 NAH 的拼法)，也就是 17×51，共有 867 种拼法，总之 N 应用于 HAN 的，共有四个，所以这道题的正确答案应当是 3468(即 4×867) 种拼法。

348.VOTERS 之谜

这个图中 Rise to Vote Sir，共有 63504 种读法，计算公式如下：n+1 个字母共有 $[4(2^n-1)]^2$ 种读法。

349.DEIFIED 之谜

从这个图形中 DEIFIED 的读法，共有 1992 种。12 个 F 组成 1 个棱形，F 有可能在一条边上，也有可能正好在拐角处，现在 FIED 从 F 角读起，共有读法 16 种；DEIF 读到 F 角，也可有读法 16 种；所以 DEIFIED 共有读法 16×16=256，因为四角有 F 的，所以读法为 4×256=1 024，其后 FIED 的读法，从边上的 F 角落起，共得 11 种，所以 DEIFIED 的读法，从边上 F 起，可得 11×11=121，但这个图中棱形边上的 F 有 8 个，所以结果得

8×21=968（种）。

所以其总共的读法为

968+1 024=1 992（种）。

350.DIAMOND 之游戏

DIAMOND 一字，共有读法 252 种，其公式为 $2^{n+1}-4$，这个 n 也就是 DIAMOND 中字母的个数，并不是图中共有的字母数，（但对角线的读法本题不采纳，所以不用）。

解 $2^{n+1}-4$

也就是

$2^{7+1}-4=256-4=252$（种）。

351.四十九个星点

如图，其途径仅为十二条直线，始于黑星点，终于对角的黑星点，而与题中条件，均相吻合。

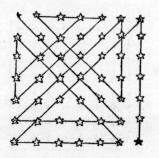

352. 溜冰游戏

如图所示，进行道路共为 14 条直线，且都与题中的条件吻合。

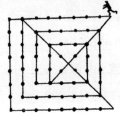

353. 帆船航路

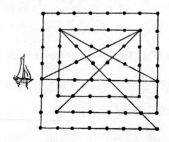

如图所示的直线也就是该船的航路，而有旗的浮标，正好为第七次转舵之处，且终止于出发点，完全接触 64 浮标。

354. 星点游戏

如图所示，也就足以达到问题中的目的。

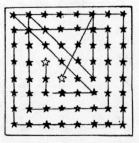

355. 擒贼游戏

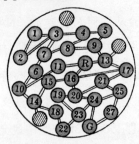

解决这道题，先从各镇记载的数目以便说明，如下图；贼无论如何规避，仍然黔驴技穷，也不能免于被擒。将军的计划，特别注意于 1，从 3 进从 2 出或由 2 进从 3 出，最先经过九次移动，所到镇的顺序是 24，20，19，15，11，7，3，1，2。如果贼比将军先到 1，那么贼立即被擒于 2 或 3，因为贼到 1 需 4 次，而将军到 15，贼到 2，将军至 7，所以被擒，因此贼一定会躲开北部不进，现在将军移动九次，贼也移动九次，最后所在的镇为 5，8，11，13，14，16，19，21，24，或 27 各镇，如果到 3 或 6 当即被擒，固然无需等待。但究竟将军能在哪儿抓到贼，这是非常容易解决的事，最多不过 8 次，就能擒到贼，在下列的一种方法，将军在 8 时，贼在 5，将军在 19 时，贼在 22，将军在 24 时，贼在 27，都能在其第二次移动时擒贼，看上文的解释，读者不难理解，如法炮制，不难马上擒到此贼，下面所示的例子，是贼用尽智慧逃避的时间最长的，前者表示将军，后者表示贼所到的镇，24－13，20－9，19－13，15－17，11－21，7－20，3－24，1－23，2－19，6－15，10－19，14－23，18－24，19－25，20－27，24 此时贼一定到 B 或 25，然而无论到哪个镇，都一定会被捕无疑。

356. 巡行道路

如图所示的直线就是某乙进行的道路，且起点及终点都在对角线的两端，而途径共 17 条直线。

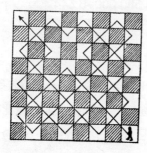

357. 人狮互换

如图所示，虚线是狮子所行的足迹，实线是人所行的足迹。

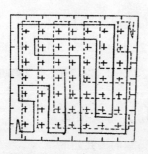

358. 狱内趣闻

如图所示虚线，就是这个囚徒的足迹，共为 57 条直线。

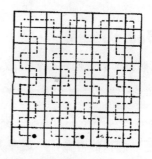

359. 救人途径

下图所示虚线，就是勇士的足迹，为 22 条直线，最终到达女室；这道题应当注意的是，最初进行时，先入一室，立刻退回，再入另一室，否则不能走遍所有的房间。

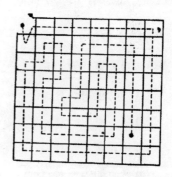

360. 快速运算

乙能全部记忆两位数的对数，因为数位共35位，其对数在34.00与35.00之间，分别除以31，得1.09及1.13，所以所求的根的对数，一定在1.09及1.13之间，因12，13，14的对数为1.08，1.11，1.15，所以乙不假思索而知其根为13。否则甲算得的数为

34 059 943 367 449 284 484 947 168 626 829 637，

想片刻中求出其31次方根，是相当有难度的。可是两位数的31次方，能得35位数的，也只有13一个数。

361. 夫妻配对

题中四对夫妻分列如下：

(1) 丙，子为一对，

(2) 丁，丑为一对，

(3) 甲，寅为一对，

(4) 乙，卯为一对。

362. 教师速算

设学生所写的数为x，那么两积之和为：

$9\ 713x + 286x$

$= 9\ 713x + (10\ 000 - 9\ 714)x$

$= 9\ 713x + 10\ 000x - 9\ 714x$

$= 10\ 000x - x$

甲所写的数为3 456所以它们的和为：

$3\ 456\ (10\ 000 - 1)$

$= 34\ 560\ 000 - 3\ 456$

$= 34\ 550\ 000 + (10\ 000 - 3\ 456)$

$= 34\ 550\ 000 + 6\ 544$

$= 34\ 556\ 544$

由此可知，教师的第二乘数286为9 713的补数，所以知其被乘数为3 456，也就可知其和为34 556 544，依此可知：

9 827	9 827	9 827
2 310	4 235	3 454

三积之和为 98 260 173 及

3 567	3 567	3 567	3 567
2 412	4 342	2 015	1 230

四积之和为 35 666 433

∵ 2 310+4 235+3 454=9 999，

又 2 412+4 342+2 015+1 230=9 999。

363. 母女相配

这道题的母女如下：

丁妇之女为辰，

戊妇之女为丑，

丙妇之女为卯，

甲妇之女为寅，

乙妇之女为子。

364. 识别妻子

六人所用的银元一定是平方数，因为各人所买猪的价值正好等于猪数，但每个男人都比其妻子多用 63 元，所以想要求这道题的答案，应该先求 63 可以是几对平方的差，求得只有三对，也就是 8^2 及 1^2，12^2 及 9^2，32^2 及 31^2。因此可知 1，9，31 一定是三个女人所买猪的数，以及每头猪的价值，而 8，12，32 等数，则各是三个男人所买的数，以及每头猪的价值，然后可列这三对夫妻的名字如下：

丙与丁为一对，其所买猪数为 8 及 1，

乙与戊为一对，其所买猪数为 12 及 9，

甲与巳为一对，其所买猪数为 32 及 31。

365. 比例一题

甲物枚数	答案数	甲	答	甲	答	甲	答
1	40	21	50	41	58	61	28
2	40	22	50	42	56	62	26
3	41	23	51	43	55	63	25
4	41	24	51	44	53	64	23
5	42	25	52	45	52	65	22

（续表）

甲物枚数	答案数	甲	案	甲	案	甲	案
6	42	26	52	46	50	66	20
7	43	27	53	47	49	67	19
8	43	28	53	48	47	68	17
9	44	29	54	49	46	69	16
10	44	30	54	50	44	70	14
11	45	31	55	51	43	71	13
12	45	32	55	52	41	72	11
13	46	33	56	53	40	73	10
14	46	34	56	54	38	74	8
15	47	35	57	55	37	75	7
16	47	36	57	56	35	76	5
17	48	37	58	57	34	77	4
18	48	38	58	58	32	78	2
19	49	39	59	59	31	79	1
20	49	40	59	60	29		

右表中甲物枚数从 1 至 79 都可用，甲为 1，那么乙丙丁各有相当的枚数，其答案 40 组，甲为 3，那么有答案 41 组，以下类推；全体答案因限于篇幅不能全部列出，只将答案组数列入表中，读者可以自己试着去求解。

例如甲为 75 枚，那么乙丙丁各物的枚数如下表：

乙	7	6	5	4	3	2	1
丙	1	3	5	7	9	11	13
丁	77	76	75	74	73	72	71

366. 买蛋趣题

设令 x，y，z 为鸡鸭鹅三种蛋数，

那么 $x+y+z=12$，

$0.5x+0.7y+0.8z=8$，

消去 x 得 $2y+3z=20$，

即 $y=10-\dfrac{3z}{2}$。

因 y 一定是整数，所以 z 一定是偶数，设 z 为 2，4，6，……，那么可得三组答案如下：

	蛋数 鸡蛋	鸭蛋	鸽蛋
组数			
第一组	3	7	2
第二组	4	4	4
第三组	5	1	6

367. 挖坑求深

设此工人露在地面上的身长等于 x 尺，那么当时此坑的深一定是 $(5-x)$ 尺，现在继续挖掘，而所挖掘的深度，等于 $2(5-x)$ 尺。但同时头部降下 $3x$ 尺（即 $2x+x$），所以得等式如下：

$$2(5-x)=3x，$$

整理，得　　$5x=10$，

解方程，得　$x=2$，

所以这个坑的深度为 $3(5-2)=9$（尺）。

368. 借瓶算径

瓶与两墙面的距离，一为 8 寸，一为 9 寸，两距离的积等于 $8\times9=72$，它的 2 倍得 144。144 的平方根是 ±12。

因两距离的和等于 $8+9=17$，所以桌子的半径 $17\pm12=29$（寸）或 5（寸）。

很显然，桌的半径为 5 寸太小，不合常理，应舍去。所以，可知桌的半径只能取 29 寸，而桌的直径为 58 寸。

369. 垒炮弹

士兵想要得到奖励，那么他的正四棱锥体应当有 4900 枚垒成成，其他无论什么数，都不能。这种求法很简单，看下表尤其容易。

1	2	3	4	5	6	7
1	3	6	10	15	21	28
1	4	10	20	35	56	84
1	5	14	30	55	91	140

上表第一行是自然数，第二行各数都由上行（从 1 到这个数顶上一数为止）各数所加而成，例如：6 为 1+2+3 所得，第三行各数的求法，与第二行一样，第四行各数则由各数顶上的数与其左斜上方的数相加而得，第二行的数恒可列为正三角形，第三行的数恒可列为三棱锥，第四行的数恒可列为正四棱锥体；所以要求的本题的答案，按照前面的方法，按照表中的次序继续向右加增，到第四行中有可列为正方形的平方数就得到了。

370. 点兵妙算

这个军官至少须点兵 160 225 名，这个数可分为两个正方形，共有 12 种方法，现在将这 12 种方法的每种内各边人数排列如下：

400 及 15，399 及 32， 393 及 76，392 及 81，384 及 113，375 及 140，360 及 175，356 及 183，337 及 216，329 及 228，371 及 252，265 及 300。

至于这些数是怎么得来的，很有趣，第一当知一公式即 $4n+1$，此式中 n 可代任何数，所得的数每可列为两平方数；例如 $n=1$，则此式为 5；$n=3$，则为 13；5 与 13 都可列为两个正方形，如果以 5 乘 l3 等与 65，则可有两种列法，这个顺序是 $5×13×17=1105$，可有四种分法，$5×13×17×29=32045$，可有八种列法，所以每增一新因子，列法可增一倍，只有加入的因子，如果是前面已有的数，只增半倍，所以再以 5 乘 $5×13×17×29$，可得 $8+\dfrac{8}{2}=12$ 种列法。

371. 卖砖趣题

卖砖的至少应该给顾主 41616 块，因 41616 是 $23^3+24^3+25^3$ 的和，且又等于 204 的平方数，比 41616 更小的数，没有一个可以合乎这个条件的。

372. 兄弟搬桃

哥哥第一次须放 40 枚，最后所放的数应当是弟弟所放数减 1 后的平方数，

那么哥哥可保持常胜，理由是：$41+n(n+1)$（n 为小于 39 的任何数）恒为质因数，而质因数绝对不可整除。

373. 三只箱子

最下一箱所藏银币共 386 枚，

中央一箱所藏银币共 8 450 枚，

最上一箱所藏银币共 16 514 枚，

$\sqrt{386+8\ 450}=\sqrt{8\ 836}=94$，

$\sqrt{8\ 450+16\ 514}=\sqrt{24\ 964}=158$，

为求最小值，那么最下一箱共藏银币 482 枚，中央一箱共藏银币 3 362 枚，最上一箱共藏银币 6 242 枚，

$482+3\ 362=3\ 844=62^2$，

$3\ 362+6\ 242=9\ 604=98^2$。

374. 两个立方体

读者对于这道题稍加研究，就可得每立方体各边的长度一定为分数，A 立方体每边的长是 $\dfrac{8}{7}$；B 立方体每边的长为 $\dfrac{3}{7}$，两立方体高的和 $=\dfrac{8}{7}+\dfrac{3}{7}=\dfrac{11}{7}$（尺）

A 立方体的体积为 $\left(\dfrac{8}{7}\right)^3=\dfrac{512}{343}$，

B 立方体的体积为 $\left(\dfrac{3}{7}\right)^3=\dfrac{27}{343}$，

A，B 两立方体积之和为

$\dfrac{512}{343}+\dfrac{27}{343}=\dfrac{539}{343}=\dfrac{11}{7}$（立方尺）。

两种算法的结果单位虽然不同，但其数值其实是相同的。

375. 方形军阵

设 x 代小方阵每边的人数，由此可知全体兵士为 $62x^2$ 人，如有小方阵 64 个，那么马上可排成一个大方阵，其每边的人数，一定是 $8x$；但现在只有 62 个小方阵，所以所要排成的大方阵，每边的人数一定少于 $8x$，由此得一方程式如下：

$$(8x)^2-(8x-11)^2=2x^2-1。$$

解之，得 $x=8$ 人，

那么，各小方阵每边的人数是 8 人，由此可知全体人数为 $62\times8^2=3\,968$ 人，

大方阵每边的人数 $=\sqrt{3\,968+1}$

$\qquad\qquad =\sqrt{3\,969}$

$\qquad\qquad =63$ 人。

376. 三块方板

甲板每边的长为 49 英寸，

乙板每边的长为 41 英寸，

丙板每边的长为 31 英寸，

甲板面积 $=2\,401$ 平方英寸，

乙板面积 $=1\,681$ 平方英寸，

丙板面积 $=961$ 平方英寸。

甲板面积与乙板面积的差为 720 平方英寸 =5 平方英尺，

乙板面积与丙板面积的差为 720 平方英寸 =5 平方英尺。

377. 简单除法

我们所求的除数为 179，如以 179 除下列四数：

701，1 059，1 417，2 312，

得不同的商，而得相同的除数 164，读者想知道 179 的由来，不可不知下面的整数定理：

甲、乙两数的差，能用某数除尽，那么甲、乙两数如果各以某数除之，一定能得到相同的除数。

179 也就是利用这个定理而求得的：

$2\,312-1\,417=895=5\times179$

$2\,312-1\,059=1\,253=7\times179$

$2\,312-701=1\,611=9\times179$

$1\,417-1\,059=358=2\times179$

$1\,417-701=716=4\times179$

$1\,059-701=358=2\times179$

由此可知任何两数的差都是 179 的倍数，由此可知用 179 除各数，都能得相同的余数。

378. 篱笆趣题

设田地为 x 公顷，

每公顷 $=10\,000$ 平方米，

可知这块田 =10 000 x 平方米，

因为这块田地为正方形，所以可知田地每边的长为 $\sqrt{10\,000x}$ 米，田地的四边共长 $4\sqrt{10\,000x}$ 米，因每隔 5 米，有竹篱一组，所以可知田地的四边竹篱的组数，共有 $\dfrac{4 \times \sqrt{10\,000x}}{5}$ 组，因每组有 7 根横栏，所以共有 $7 \times \dfrac{4 \times \sqrt{10\,000x}}{5}$ 根横栏，而 $7 \times \dfrac{4\sqrt{10\,000x}}{5} = x$ (田的亩数)。

$$28\sqrt{10\,000x} = 5x$$

$$25x^2 = 7\,840\,000x$$

$$x = 313\,600 \text{ 根}$$

竹篱上所用的栏杆也需 313 600 根。

379. 遗产趣题

儿子分得全遗产的 $\dfrac{4}{7}$，母亲得全遗产的 $\dfrac{2}{7}$，女儿得全遗产的 $\dfrac{1}{7}$。

男子所得的遗产正好是母亲的 2 倍，而母亲所得的遗产，又正好是其女儿所得的 2 倍，因此各人所得的遗产，都没有违背死者的意愿。

380. 三子分田

第三个儿子死亡后，100 亩田地按比例分给甲、乙两子，甲为 $\dfrac{1}{3}$，乙为 $\dfrac{1}{4}$，即甲为 $\dfrac{4}{12}$，乙为 $\dfrac{3}{12}$；由此可知甲得 100 亩中的 $\dfrac{4}{7}$，乙得 100 亩中的 $\dfrac{3}{7}$。

381. 割 麦

设 x 代田的边长，

那么 A 的面积 $= (x-2)^2$ 平方丈，

B 的面积 $= \dfrac{x^2}{2}$ 平方丈。

由题可知 A 的面积 = B 的面积，

所以 $(x-2)^2 = \dfrac{x^2}{2}$，

解之，得 $x = \dfrac{8 \pm 4\sqrt{2}}{2} = 4 \pm 2.8\,284$

很显然 4−2.8 284 不合事实。

所以 $x = 6.8\,284$ 丈，田的全部面积为

$x^2 = 6.8\,284^2 = 46.627$ 平方丈，

A 的面积 $= \dfrac{1}{2} \times 46.627$

$\qquad\qquad = 23.3\,135$ 平方丈，

A 每边的长 $= 6.8\,284-2$

$\qquad\qquad = 4.8\,284$ 丈

382. 百人分饼

女子数为 25 人，

男子数为 5 人，

儿童数为 70 人，

人数总和 =100 人。

女子共得饼数为 $25 \times 2 = 50$，

男子共得饼数为 $5 \times 3 = 15$，

儿童共得饼数为 $70 \times \frac{1}{2} = 35$，

由此可知饼的总数 $= 100$。

383. 平分母牛

这道题不是使用方程来求解，而是用倒推的方法。

由于小儿子是最后分到母牛的，所以他不可能得到剩余的 $\frac{1}{7}$，也就是说，他分到整头牛后，就没有牛了。

倒数第二个儿子得到的牛的数目，等于其后的人得到的牛的数目减去 1 再加上牛群余数的 $\frac{1}{7}$。由此可以推出，小儿子得到的牛的数目是此时牛群数量的 $\frac{6}{7}$。

所以，小儿子得到的牛的数量可以被 6 整除。

我们假设小儿子得到的牛的数量就是 6，再去验证这个假设的正确性。由于几个儿子得到的牛的数量相同，因此，其他的儿子得到的牛的数量也是 6。五儿子分到 5 头牛再加上剩余的 $\frac{1}{7}$，也就是一头牛，一共是 6 头牛。最小的两个儿子分到的牛的总数是 12，这个数等于四儿子分牛时牛群数量的 $\frac{6}{7}$。那么，在分给四儿子牛的时候，牛群的余数是

$12 \div \frac{6}{7} = 14$，四儿子分到的牛的数量是 $4 + \frac{14}{7} = 6$。

给三儿子分完牛后，牛群的余数是 $6 + 6 + 6 = 18$，那么，18 就是给三儿子分牛时牛群余数的 $\frac{6}{7}$，所以牛群的余数是 $18 \div \frac{6}{7} = 21$，三儿子分到的数量是 $3 + \frac{21}{7} = 6$。

同理，我们可以求出大儿子和二儿子分到的牛的数目，和上面的答案相同也是 6。

这样，我们证明了前面的假设是正确的，这个人一共有 6 个儿子，牛群的数量是 36。

那么，还有其他的答案吗？假设有 12 个或者 18 个儿子，而不是 6 个，通过证明后可以得知，这两个数目是不对的。没有必要再去试其他更大的数字，因为那不符合实际，一个人不可能有 24 个或者更多的儿子。

384. 分苹果

把 9 个苹果平均分给 12 个学生，要这样来分：把其中的 6 个苹果都分成两半，于是得到了 12 个半块的苹果。然后，把剩下的 3 个苹果都分成 4 份，这就是 12 个半块苹果的半块，也就是 $\frac{1}{4}$ 块苹果。现在，分给每个学生一个半块

的苹果和一个 $\frac{1}{4}$ 块的苹果：

$$\frac{1}{2} + \frac{1}{4} = \frac{3}{4}$$

这样，每个学生都得到了 $\frac{3}{4}$ 个苹果，符合题目的要求，也和 $9 \div 12 = \frac{3}{4}$ 相等。

同理，我们可以把 7 个苹果平均分给 12 个学生，而且保证每个苹果最多被分成 4 份。这时，每个学生分到的苹果的数量是 $\frac{7}{12}$，可以写成：

$$\frac{7}{12} = \frac{4}{12} + \frac{3}{12} = \frac{1}{3} + \frac{1}{4}$$

因此，我们把其中的 3 个苹果都分成 4 份，剩下的 4 个苹果都分成 3 份，这样就得到了 12 个 $\frac{1}{3}$ 块的苹果和 12 个 $\frac{1}{4}$ 块的苹果。

这样，就可把 7 个苹果平均分给 12 个学生，每个学生得到了一个 $\frac{1}{3}$ 块的苹果和一个 $\frac{1}{4}$ 块的苹果，也就是前面所说的 $\frac{7}{12}$ 个苹果。

385. 如何分才公平

大多数人会认为，放了 200 克米的那个人应该得到 20 戈比，相应地放了 300 克米的那个人就应该得到 300 戈比。不过，这个想法是不对的。

应该这样推理才正确：两份粥是由三个人吃的，而 50 戈比是一个人的饭钱，那么，两份粥的总价值就是 150 戈比。这样一来，100 克米的价值就是 30

戈比，放了 200 克米的那个人相当于支付了 60 戈比，他自己吃掉了 50 戈比，所以还可以得到 10 戈比。

同理，放了 300 克米的那个人相当于拿出了 90 戈比，他吃掉了 50 戈比，应该得到 40 戈比。

所以，其中一个人应该分得 10 戈比，另一个人分得 40 戈比。

386. 男女成群

从 8 个男子中取 2 人的选法为：28

从女生 6 人中取 2 人的选法为：15

但男子中的任一种选法与女子中的任一种相配，都是所求的一群，故所求的选法的总数为

$28 \times 15 = 420$（种）。

387. 会议受阻

设 x 代开会时议员的人数，则退出会场的议员数为 $\left(\frac{2}{3}x - 1\right)$，现在假设在退出场的议员中招回两人入席，那么出场的议员人数为 $\frac{1}{2}x$，因此得方程式如下：

$$\left(\frac{2}{3}x - 1\right) - 2 = \frac{1}{2}x$$

解之，得 $x = 18$ 人，

可知退出场议员的人数等于 $18 \times \frac{2}{3} - 1 = 12 - 1 = 11$ 人。

388. 议会选举

填写 1 人的选举法共有 C_{23}^1

填写 2 人的选举法共有 C_{23}^2

填写 3 人的选举法共有 C_{23}^3

填写 4 人的选举法共有 C_{23}^4

填写 5 人的选举法共有 C_{23}^5

填写 6 人的选举法共有 C_{23}^6

填写 7 人的选举法共有 C_{23}^7

填写 8 人的选举法共有 C_{23}^8

填写 9 人的选举法共有 C_{23}^9

所以所求选举法的总数为：

$C_{23}^1 + C_{23}^2 + C_{23}^3 + C_{23}^4 + C_{23}^5 + C_{23}^6 + C_{23}^7 + C_{23}^8 + C_{23}^9$

$=23+253+1\ 771+8\ 855+33\ 649+100\ 947+245\ 157+490\ 314+817\ 190$

$=1\ 698\ 177$（种）。

389. 捉 贼

警察行走 30 步，才能抓到这个贼，同时贼也已走了 48 步，但贼在警察前 27 步，所以贼 (48+27) =75 步的距离，正好等于警察 30 步距离。

390. 三十三粒珍珠

C 珠的价值为 3 000 元，

A 珠的价值为 1 400 元，

B 珠的价值为 600 元，

验法：C 珠左上方有 16 粒珠，价值的总和可用下列方式求得，按照等差级数求总和的公式得：

$S= \dfrac{n}{2}[2a+(n-1)d]$

$= \dfrac{16}{2}(2 \times 1\ 400+15 \times 100)$

$= \dfrac{16}{2}(2\ 800+1\ 500)$

$=(\dfrac{16}{2}) \times 4\ 300$（元），

同样的方法得 C 珠右上方的珠子的总价为 27 600 元，所以

3 000+34 400+27 600

=65 000（元）。

391. 烛代电灯

蜡烛燃烧的时间共为 3 小时 45 分钟，一支蜡烛剩下的长度是全长的 $\dfrac{1}{16}$，另一支蜡烛所剩余的长度是 $\dfrac{1}{4}$。

用代数解之如下：

因为粗的蜡烛可燃烧 5 小时，每小时肯定消耗 $\dfrac{1}{5}$，细的蜡烛可燃烧 4 小时，每小时一定燃烧 $\dfrac{1}{4}$，现在设蜡烛燃烧的时间为 x，得到方程式如下：

$1- \dfrac{1}{5} x=4 \left(1- \dfrac{1}{4} x\right)$

解方程，得 $x=3 \dfrac{3}{4}$，

也就是 3 个小时 45 分钟。

392. 礼貌遗风

这个学校共有儿童 30 人，男生 20

人，女生 10 人；每一个男生行的鞠躬礼为 (20-1)+10+1=30 个，所以男生共行了 20×30=600 个鞠躬礼，每一个女生对剩下的人所行的鞠躬礼数为 (10-1)+20+1=30，所 10 个女生共行 30×10=300 个鞠躬礼，而 300+600=900（个），因此可知这个答案不错。

393. 牛顿趣题

令所求的牛的数为 x，草还未被牛吃过时，高度为 y，草每周增高的长度为 z。

因为每头牛每天吃草的容积相等，可得下面的方程式：

$$\frac{2(y+2z)}{3\times 2}=\frac{2(y+4z)}{2\times 4}=\frac{6(y+6z)}{6x}$$

简化，可得：$\frac{y+2z}{3}=\frac{y+4z}{4}=\frac{y+6z}{x}$ （1）

因 $4y+8z=3y+12z$，可得 $y=4z$，将（1）中 y 用 $4z$ 代替，得

$$\frac{4z+2z}{3}=\frac{4z+4z}{4}=\frac{4z+6z}{x},$$

即 $2z=\frac{10z}{x}$

所以 $x=5$，也就是牛数为 5 头。

394. 连环信

按照教士所说，设 n 是写信的号码，那么收信的人数是下列级数的和：

$3+3^2+3^3+\cdots+3^n$

按照等比级数公式：

$$S=\frac{a(r^n-1)}{r-1}$$

世界上的人口约为 1 500 000 000，

$$\therefore 1\ 500\ 000\ 000=\frac{3(3^n-1)}{3-1}。$$

$3^n-1=1\ 000\ 000\ 000$，

$$\therefore n\log 3=\log 10^9。$$

$$n=\frac{9}{\log 3}=18.86。$$

所以信的号码到 19 号时，世界的人已各收到一封，不必到 50 号，教士所说，可能还没弄清楚数理。

395. 乘法补草

```
      627
       45
     3135
     2508
    28215
```

（1）因为 60×⊕ 与 △×⊕ 的和为 31※，设 ⊕ 为 4，那么它的和小于 31※；设 ⊕ 为 6，那么它的和大于 31※；所以 ⊕ 一定等于 5。

（2）⊕ 既然为 5，那么 △ 可以是 2，也可以是 3。

（3）第二部分积为 ※※0※，第二位是 0，所以知 △ 是 2，而不能为 3。

（4）△既然是2，又有第二部分积的第二位是0，所以□一定是7，6，5中的一个。

（5）(620+□)×45=27900+(□×45)，因为积的第三位是2，所以□×45的第三位一定是3，而45×6之第三位不是3，所以一定是45×7。

既然已知被乘数为627，乘数为45，那么其他就很容易补出了。

396. 除法补草

```
            1 7 3
     ─────────────
 215 │ 3 7 1 9 5
       2 1 5
     ─────────
       1 5 6 9
       1 5 0 5
     ─────────
           6 4 5
           6 4 5
         ─────────
               0
```

$215 \times 173 = 37195$

因商的第一位是1，所以第一部分积

为215，也就是fgh为215；又因d乘215，其末位是5，所以d必一定是奇数，而215的奇数倍其百位是5的一定是7莫属，所以知商的第二位为7，因为已知k为1，1为g，并知i为1，E为3。

又因 $m4n$ 减 pqr 刚好减尽，由此可知 $m=P$，$q=4$，$r=n$。

而1乘215的积的十位为4的，只有3，所以 $p=m=6$，$r=n=1=5$。

于是可知 $j=6$，b=1 可知被除数为37195。

397. 爱 情

乙所说的是指LOVE，意为爱情。O为一圈，L为五十（两个二十五等于五十，而L是罗马数字的五十），V为五，E为Eight（八）字是五个字母中的之一，合在一起就是英文单词LOVE。

世界科普巨匠经典译丛·第五辑

米·伊林作品集

征服大自然	十万个为什么	听伊林讲故事	走向光明	最黑暗的时代
定价：24.00元	定价：28.00元	定价：25.00元	定价：22.00元	定价：23.00元
喜怒无常的天气	走出大森林	人和山	驯服任性的自然	科学的开始
定价：20.00元	定价：23.00元	定价：20.00元	定价：22.00元	定价：22.00元

●聚文学性、科学性、现实性于一体
●不朽的科普名著，和《昆虫记》《森林报》一样精彩、耐读

世界科普巨匠经典译丛·第六辑

越玩越开窍的趣味数学迷宫	越玩越开窍的数学游戏大观（上）	越玩越开窍的数学游戏大观（中）	越玩越开窍的数学游戏大观（下）	越玩越着迷的亨利·杜德尼数学游戏（上）
定价：23.00元	定价：22.00元	定价：22.00元	定价：22.00元	定价：28.00元
越玩越着迷的亨利·杜德尼数学游戏（下）	越玩越聪明的萨姆·劳埃德思维游戏（上）	越玩越聪明的萨姆·劳埃德思维游戏（下）	越玩越聪明的数学机智游戏	越算越聪明的印度数学
定价：28.00元	定价：24.80元	定价：24.80元	定价：25.80元	定价：23.00元

●囊括世界最畅销的数学谜题著作
●开启最强劲的头脑风暴，玩转最经典的数学谜题

喜讯

热烈庆贺我社2013年10月出版的图书《世界科普巨匠经典译丛·第二辑》（10本）入选《全国图书馆推荐书目（2013年度）》，荣获"全民阅读年会50种重点推荐图书（2013年度）"大奖。我们将再接再厉，精益求精，为读者奉献更多好书。

上海科学普及出版社

玻璃的故事
定价：27.80元

化学的秘密
定价：29.80元

科学史上的伟大时刻
定价：22.80元

蜡烛和肥皂泡
定价：22.00元

趣味地球化学
定价：29.80元

趣味化学
定价：23.80元

趣味矿物学
定价：27.80元

自然的玄机
定价：29.80元

乌拉·波拉故事集
定价：22.00元

人类发明的故事
定价：29.80元

学生必读课外读物　家庭最佳典藏书